高等职业教育土建施工类专业系列教材
中国特色高水平高职学校建设成果
首批国家级职业教育教师教学创新团队"BIM+装配式建筑"新型态教材

装配式构件加工与制作

主　编　齐红军　徐珍珍
副主编　程凯锋

西安交通大学出版社
国家一级出版社
全国百佳图书出版单位

内容提要

本书以装配式构件加工过程为教学情境，构建以应用实例为中心，以施工阶段工作作为学习任务，坚持以就业为导向，突出实用性、实践性，注重技能培养，即从识读工程图、钢筋和预埋件入模、混凝土浇筑与振捣到起板入库，以典型构件加工过程作为贯穿训练项目，使学生能够把所学的课程内容与工作任务紧密联系起来，促进技术实践能力的形成。

图书在版编目(CIP)数据

装配式构件加工与制作 / 齐红军,徐珍珍主编. —西安：西安交通大学出版社,2022.3
ISBN 978-7-5693-2263-7

Ⅰ.①装… Ⅱ.①齐… ②徐… Ⅲ.①装配式构件-高等学校-教材 Ⅳ.①TU3

中国版本图书馆 CIP 数据核字(2021)第169355号

书　　名	装配式构件加工与制作
主　　编	齐红军　徐珍珍
策划编辑	曹　昳
责任编辑	李　晶　杨　璠
责任校对	秦金霞
出版发行	西安交通大学出版社 (西安市兴庆南路1号　邮政编码 710048)
网　　址	http://www.xjtupress.com
电　　话	(029)82668357　82667874(市场营销中心) (029)82668315(总编办)
传　　真	(029)82668280
印　　刷	西安五星印刷有限公司
开　　本	787 mm×1092 mm　1/16　印张 13.5　字数 285千字
版次印次	2022年3月第1版　2022年3月第1次印刷
书　　号	ISBN 978-7-5693-2263-7
定　　价	39.80元

如发现印装质量问题，请与本社市场营销中心联系、调换。
订购热线：(029)82665248　(029)82665249
投稿热线：(029)82668502
读者信箱：phoe@qq.com

版权所有　侵权必究

国家级职业教育教师教学创新团队
中国特色高水平高职院校重点建设专业

建筑工程技术专业系列教材编审委员会

主　任　　焦胜军　陕西铁路工程职业技术学院
副主任　　李林军　陕西铁路工程职业技术学院
　　　　　齐红军　陕西铁路工程职业技术学院
委　员　（按姓名汉语拼音排序）
　　　　　陈月萍　安庆职业技术学院
　　　　　蒋平江　陕西铁路工程职业技术学院
　　　　　蒋晓燕　绍兴职业技术学院
　　　　　李昌宁　中铁一局集团技术研发中心
　　　　　李仙兰　内蒙古建筑职业技术学院
　　　　　刘幼昕　重庆建筑工程职业学院
　　　　　潘红伟　中铁北京工程局集团第一工程有限公司
　　　　　王付全　黄河水利职业技术学院
　　　　　王　辉　陕西建工（安康）新型建材有限公司
　　　　　王建营　中铁置业集团有限公司
　　　　　王　茹　西安建筑科技大学
　　　　　许继祥　兰州理工大学
　　　　　徐　鹏　中铁建工集团有限公司
　　　　　杨宝明　上海鲁班软件股份有限公司
　　　　　杨小玉　陕西铁路工程职业技术学院
　　　　　张建奇　廊坊市中科建筑产业化创新研究中心
　　　　　祝和意　陕西铁路工程职业技术学院

本书编写团队

主　编　齐红军　陕西铁路工程职业技术学院
　　　　　徐珍珍　陕西铁路工程职业技术学院
副主编　程凯峰　中国建筑西北设计研究院有限公司
参　编　李科兴　陕西铁路工程职业技术学院
　　　　　杨军强　西安建工建设项目管理集团有限公司
　　　　　徐　滨　绍兴职业技术学院
主　审　李昌宁　中铁一局集团有限公司

前言

《装配式构件加工与制作》是"中国特色高水平建设专业群"骨干专业——建筑工程技术专业的课程建设成果之一。根据改革实施方案和课程改革的基本思想,本教材按照建筑工程技术专业人才培养目标要求,结合专业"项目载体、信息贯穿、能力递进、课证融合"的人才培养模式,采用"任务驱动、行动导向"的教学方法,依据国家现行《装配式混凝土结构表示方法及示例(剪力墙结构)》(15G107-1)、《装配式混凝土连接节点构造(楼盖和楼梯)》(15G310-1)、《装配式混凝土连接节点构造(剪力墙)》(15G310-2)、《桁架钢筋混凝土叠合板(60 mm 厚底板)》(15G366-1)、《装配式混凝土结构技术规程》(JGJ 1-2014)、《装配整体式混凝土结构施工及质量验收规范》(DGJ 08-2117-2012)、《钢筋套筒灌浆连接应用技术规程》(JGJ 355-2015)等编写。

本教材按照活页式教材编写要求,基于装配式构件加工过程的教学情境,构建以应用实例为中心,以施工阶段工作作为学习任务,即从工程图识读、钢筋和预埋件入模、混凝土浇筑与振捣到起板入库,以典型构件加工过程作为贯穿训练项目,使学生能够把所学的课程内容与工作任务紧密联系起来,促进其技术实践能力的形成。

本教材具有以下特点:在编写过程中采用典型装配式建筑为贯穿项目,配以大量的插图,简单实用,易学易懂,以培养学生识读装配式建筑施工图、构件加工与制作为重点;内容有所取舍,注重针对性,坚持以企业需求为依据、以就业为导向的原则;在教材内容的组织和表达上,力求体现教学内容的先进性和教学组织的灵活性。同时,为满足项目法、案例法教学的需要,教材内容在充分反映现行国家标准、行业标准和有关技术政策的基础上,尽力使每一教学任务与实际工作相结合,体现了较强的实用性。

本教材由陕西铁路工程职业技术学院齐红军、徐珍珍任主编,程凯峰任副主编。陕西铁路工程职业技术学院李科兴参与编写绪论中的任务二,西安建工建设项目管理集团有限公司杨军强参与编写项目一中的任务五,绍兴职业技术学院徐滨参与编写项目五中的任务一。教材在编写中引用了大量的规范、专业文献和资料,恕未能一一注明。由于编者水平有限,不足之处在所难免,恳请广大师生和读者对书中存在的缺点和疏漏批评指正,编者不胜感激。

编　者

2021 年 7 月

目录

绪论 ·· 1

 任务一 预制构件厂总体规划及工艺 ··· 2
 任务二 装配式混凝土建筑与结构体系 ··· 8
 任务三 装配式混凝土结构主要构件 ·· 10
 任务四 装配式混凝土构件的主要材料 ··· 20
 任务五 装配式混凝土建筑的连接方式 ··· 28

项目一 预制混凝土构件施工图识读 ·· 33

 任务一 预制混凝土构件——板施工图识读 ·· 35
 任务二 预制混凝土构件——墙施工图识读 ·· 38
 任务三 预制混凝土构件——楼梯施工图识读 ··· 43

项目二 模具准备与安装 ··· 49

 任务一 模具分类 ·· 52
 任务二 模具及模具材料 ··· 56
 任务三 模具组装、固定 ··· 62
 任务四 预制构件脱模剂、缓凝剂涂刷 ·· 69
 任务五 质量问题及预防措施 ·· 72

项目三 钢筋及预埋件施工 ·· 81

 任务一 预制混凝土构件配筋原则 ·· 83
 任务二 钢筋翻样 ·· 87

  任务三 预制构件钢筋加工工艺流程 …………………………………………… 93
  任务四 预埋件分类与加工 ……………………………………………………… 100
  任务五 质量问题及预防措施 …………………………………………………… 117

项目四 预制混凝土构件混凝土制作与浇筑 ……………………………………… 126

  任务一 混凝土配合比设计 ……………………………………………………… 127
  任务二 预制构件混凝土施工 …………………………………………………… 135
  任务三 质量问题及预防措施 …………………………………………………… 151

项目五 预制混凝土构件蒸养与起板入库 …………………………………………… 166

  任务一 养护方式的认知 ………………………………………………………… 167
  任务二 构件脱模与起吊 ……………………………………………………… 171
  任务三 预制构件存放 …………………………………………………………… 178
  任务四 预制构件制作的安全生产与文明生产 …………………………………… 189
  任务五 质量问题及预防措施 …………………………………………………… 194

绪 论

虽然以5G、大数据、人工智能等为主的新型基础设施已成为新时代发展基石,但是以节能减排、提质增效著称的装配式建筑在新基建的建设中也起到了引领作用。回想抗疫大战中,武汉火神山和雷神山医院先后拔地而起,它让我们充分地认识到装配式建筑的效率与优势,也让我们认识到,号称新一代"基建狂魔"的装配式建筑,才是新基建最具代表性的发展方向。

预制装配式建筑相较于传统的钢筋混凝土建筑,建筑主体为模块化钢结构,可以成批成套地在工厂中制造,95%的工程量在工厂内完成,建设过程好似"搭积木",现场施工环节高度集约,运用在现如今的超高层建筑上,具有不可比拟的效率优势。

除了施工速度的提升,装配式建筑还对工程质量有很大改进,能有效预防"豆腐渣"工程。构件由工厂标准化生产,完全按照工厂的标准体系选择生产原料,对构件出厂前的质量检验严格把关,构件质量由此大幅提升;同时,减少了现场施工环节的失误,总体上提升了建筑的质量安全。

装配式建筑还契合了绿色、环保的发展主题。构件采用工厂预制化生产,可以减少现场的混凝土用量,很大程度上避免扬尘污染,减少对环境的破坏;钢结构建筑的可回收性高,符合可持续发展的要求。

装配式建筑是集成"建筑、结构、机电、装修一体化""设计、生产、装配一体化"的新型工业化建造方式,是推动绿色化、工业化建造的关键推手。

目前工业化程度高的发达国家,其建筑现代化程度已较为发达,均开发出各类装配式建筑专用体系,大力提升建筑装配化率。发达国家的转型之路反映了建筑业的未来趋势:产业结构优化升级势在必行,装配式将成为主流。让我们一起来了解装配式构件的制作吧!

学习方法

要点记忆法·小组讨论法

知识目标

了解装配式建筑发展历程及现状;
了解装配式混凝土建筑的优缺点;
认识装配式混凝土预制构件;
了解装配式混凝土预制构件设计要求。

能力目标

了解装配式混凝土建筑设计;

熟悉装配式混凝土结构体系;

理解装配式混凝土构件的连接。

素质目标

认真负责,团结合作,维护集体的荣誉和利益;

努力学习专业技术知识,不断提高专业技能;

遵纪守法,具备良好的职业道德;

严格执行建设行业有关标准、规范、规程和制度。

任务一 预制构件厂总体规划及工艺

随着装配式建筑的兴起,预制构件厂应运而生。预制构件厂厂址选择应符合城市总体规划及国家有关标准的要求,应符合当地的大气污染防治、水资源保护和自然生态保护要求,并通过环境影响评价。

0.1.1 厂址选择原则

(1)厂址选择应综合考虑工厂的服务区域、地理位置、水文地质、气象条件、交通条件、土地利用现状、基础设施状况、运输距离、企业协作条件及公众意见等因素,经多方案比较后确定。

(2)应有满足生产所需的原材料、燃料来源。

(3)应有满足生产所需的水源和电源,与厂址之间的管线连接应尽量简短便捷。

(4)应有便利和经济的交通运输条件,与厂外公路的连接应便捷。临近江、河、湖、海的厂址,通航条件满足运输要求时,应尽量利用水运,且厂址宜靠近适合建设码头的地段。

(5)桥涵、隧道、车辆、码头等外部运输条件及运输方式,应符合运输大件或超大件设备的要求。

(6)厂址应远离居住区、学校、医院、风景游览区和自然保护区等,并符合相关文件及技术要求,且应位于全年最大频率风向的下风侧。

(7)工厂不应建在受洪水、潮水或内涝威胁的地区。

0.1.2 总平面设计原则

(1)工厂的总平面设计应根据厂址所在地区的自然条件,结合生产、运输、环境保护、职业卫生与劳动安全、职工生活,以及电力、通信、热力、给排水、防洪和排涝等设施,经多方案综合比较后确定。

(2)在符合生产流程、操作要求和使用功能的前提下,建筑物、构筑物等设施应采用联合、集中、多层布置;应按工厂生产规模和功能分区,合理地确定通道宽度;厂区功能分区及建筑物、构筑物的外形宜规整。

(3)生产主要功能区域包括原材料储存、混凝土配料及搅拌、钢筋加工、构件生产、构件堆放和试验检测等,在总平面设计上,应做到合理衔接并符合生产流程要求。

(4)应以构件生产车间等主要区域为主进行布置。

(5)构件流水线生产车间宜条形布置。

(6)应根据工厂生产规模布置相适应的构件成品堆场。

(7)生产附属设施和生活服务设施应根据社会化服务原则统筹考虑。

(8)变电所及公用动力设施的布置,宜位于负荷中心。

(9)建筑物、构筑物之间及其与铁路、道路之间的防火间距,以及消防通道的设置,应符合《建筑设计防火规范》(GB 50016)等有关的规定。

(10)原材料物流的出入口以及接收、储存、转运、使用场所等应与办公和生活服务设施分离,易产生污染的设施宜设在办公区和生活区的常年主导风向下风侧。

(11)人流和物流的出入口设置应符合城市交通有关要求,实现人流和物流分离,避免运输货流与人流交叉。运输径路应方便原材料、产品运输车进出。尽量减少中间运输环节,保证物流顺畅、径路短捷、不折返、不交叉。

(12)应结合当地气象条件,使建筑物具有良好的朝向、采光和自然通风条件。

(13)分期建设应统一规划,近期工程应集中、紧凑、合理布置,并应与远期工程合理衔接。

0.1.3 主要生产区域建设要求

1. 原材料储存

(1)砂、石子不得露天堆放,其堆场应为硬质地面且有排水措施。

(2)粉状物料采用筒仓储存形式,由专用散装车送达。

(3)外加剂储存于具有耐腐蚀和防沉淀功能的箱体内。

(4)钢筋及配套部件应分别设置专用室内场地或仓库进行存放,场地应为硬质地坪且设有相应排水和防潮措施。

(5)粉状物料必须选用密闭输送设备;砂石输送选用非密闭输送设备时,应装有防尘罩。输送设备应有维修平台,并带有安全防护栏。

(6)筒仓内壁应光滑且设有破拱装置,仓底的最小倾角应大于50°,不得有滞料的死角区。

(7)筒仓顶部应设透气装置和自动收尘装置,且性能可靠、清理方便。

(8)水泥采用散装船运输时,宜设置水泥中间储库和输送系统。

2. 混凝土配料及搅拌

(1)称量设备必须满足各种原材料所要求的称量精度,应符合表0.1.1的要求。

表0.1.1 原材料的称量精度

原材料名称	称量精度
水泥、掺合料、水、外加剂	±1%
粗、细骨料	±2%

(2)称量设备应设置自动计量系统,且与搅拌机配置相适应。

(3)对于粉状物料,在称量工艺系统中,各设备连接部分予以密封,不能实现密封的亦应采取有效的收尘措施。

(4)混凝土搅拌机应符合《混凝土搅拌机》(GB/T 9142)中的相关规定。

(5)混凝土搅拌机的类型和产能必须满足构件生产对混凝土拌合物的数量、质量及种类要求。

(6)混凝土搅拌完毕,应及时通过混凝土贮料输送设备运送至构件生产车间。

(7)混凝土贮料输送设备应设防泄漏措施,对输送线路周边设置安全防护措施。

3. 钢筋加工

(1)应在室内车间进行生产,并在车间内设置起重设备。

(2)车间内各加工设备的加工能力应满足混凝土构件产能的需求。

(3)车间工艺布置时,尽量避免材料的往返、交叉运输。

(4)车间内设计应当考虑设备检修场地、运输通道和足够数量的中转堆场。

(5)车间一般可布置成单跨或双跨,单跨跨度不宜小于12 m。

4. 构件生产

(1)应根据构件产品选择机组流水法、流水传送法和固定台座法等生产组织方式,确定全部加工工序及完成各工序的工艺方法。

(2)构件成型车间内不宜布置辅助车间生产线。

(3)车间内应设置起重设备,吊钩起吊高度宜大于8 m。

(4)车间内应设专用人行通道。

(5)采用流水传送法生产工艺,车间跨度一般不宜小于24 m,长度宜大于120 m。

(6)构件养护宜采用加热养护,应根据构件生产工艺合理选择养护池、隧道式养护窑、立式养护窑、养护罩等型式。

(7)应根据混凝土拌合物特性、构件特点,合理确定振动台振动、附着式振动、插入式振捣器等方式,使混凝土获得良好的密实效果。

(8)墙板生产线宜设置平台顶升装置,用于构件垂直吊运。

(9)采用流水传送法生产时,应根据生产各种产品工艺上的差异、混凝土浇捣前检验和整改过程等因素,在流水线上设置工序间的中转工位。

5. 构件堆放

(1)应根据生产构件产品种类及规格,确定起重设备的起重吨位和起升高度,合理选用起重设备。

(2)堆场面积应根据构件产量、平均堆放日期、运输条件、产品种类、堆放形式、通道系数等因素确定,其中5%的堆放面积宜作为废品堆放场地及构件检验、试压的场地。

(3)堆场产品堆存周期应根据建筑工程施工进度和工厂加工进度确定,一般可按工厂30~50天设计产能的产品数量来考虑。

(4)堆场地面应依据产品种类、堆放形式等因素进行硬化处理,满足承载能力,不得产生严重沉降和变形。

6. 试验室

(1)室内要求宽敞、便于操作、采光良好。室内层高应满足最高设备的安装和使用。

(2)室内应设有给排水管道,电气设备必须接地。

(3)混凝土室应考虑冲洗产生的废水和废渣的排出。

(4)试验设备四周的通道不小于1 m,操作面应留有足够的操作空间。

(5)养护室应保持恒温、恒湿,满足《普通混凝土力学性能试验方法标准》(GB 50081)的要求。

7. 节能及能源利用

(1)能耗指标、工艺和设备的合理用能、主要产品能源单耗指标,应以国内先进能耗水平或参照国际先进能耗水平作为设计依据。

(2)合理布置总图,提高土地使用率,节约土地资源。减少制作部件周转,节约运输能源。

(3)合理布置车间设备、工艺流程、生产区域,使之物流便捷,降低生产中不必要的能耗和费用。

(4)公用动力设施应布置在负荷中心或就近设置,减少线耗。

(5)车间围护采用保温隔热性能高的材料。

(6)设备的选择应遵循先进、成熟、实用的原则。

(7)在确保产品质量的前提下,应选用技术上先进、经济上合理和自动化程度较高的机器设备。

(8)合理选择变压器容量和台数,选用节能型变压器。

(9)根据负荷容量、供电距离等特点,合理设计供配电系统和选择供电电压,系统应尽量简单可靠。

(10)生产车间强化自然通风和自然采光,充分地利用自然光,减少对照明的依赖,节约用电。

(11)照明光源以高效节能灯为主,照度设计值应根据《建筑照明设计标准》(GB 50034)进行设计。

(12)生产、生活给水尽可能利用市政管网的水压直供。

(13)坚持"雨污分流,清污分流,一水多用"的原则,给排水系统设计应符合《节水型企业评价导则》(GB 7119)的相关规定。

(14)绿化用水及场地用水宜利用雨水收集系统供水。

(15)工厂内搅拌站给水系统,宜采用循环给水系统。

(16)宜综合利用蒸汽养护产生的蒸汽冷凝水。

预制构件生产厂三种典型布置形式,如图 0.1.1－图 0.1.3 所示。

图 0.1.1　预制构件生产厂典型布置形式 1

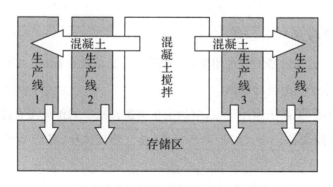

图 0.1.2　预制构件生产厂典型布置形式 2

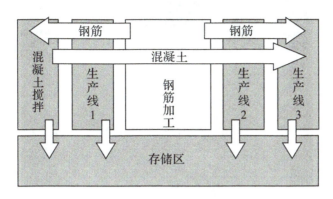

图 0.1.3　预制构件生产厂典型布置形式 3

0.1.4　预制构件生产工艺

常用 PC(precast concrete,混凝土预制件)的生产工艺有两种:固定式和流动式,见图 0.1.4。

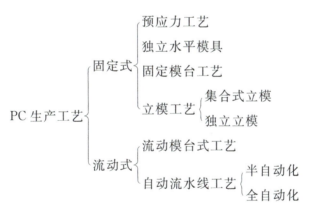

图 0.1.4　常用 PC 生产工艺

固定式是模具在固定的位置不动,通过生产人员的流动来完成各个模具上构件制作的各个工序,包括固定模台工艺、立模工艺和预应力工艺等。

流动式是模具在流水线上移动,制作工人相对不动,等模具循环到自己的工位时重复做本岗位的工作,也称流水线工艺,包括流动模台式工艺和自动流水线工艺,如图 0.1.5 所示。

不同的 PC 构件生产工艺各有优缺点,采用何种工艺与构件类型和复杂程度有关,与构件品种有关,也与投资者的偏好有关。一般一个新工厂的建设应根据市场需求、主要产品类型、生产规模和投资能力等因素,首先确定采用什么生产工艺,再根据选定的生产工艺进行工厂布置,然后选择生产设备。

图 0.1.5　全自动化生产工艺厂家

任务二　装配式混凝土建筑与结构体系

0.2.1　框架结构

全部或部分框架梁、柱采用预制构件构建成的装配整体式混凝土结构,简称装配整体式框架结构。

装配整体式框架结构的结构构件包括柱、梁、叠合梁、柱梁一体构件和叠合楼板等,此外还有外墙挂板、楼梯、阳台板、空调板、挑檐板、遮阳板等。多层和低层框架结构有柱板一体化构件,板边缘是暗柱。

框架 PC 建筑的外围护结构可采用 PC 外墙挂板或直接用结构柱、梁与玻璃窗组成围护结构,或用带翼缘的结构柱、梁与玻璃窗组成围护结构;多层建筑外墙和高层建筑凹入式阳台的外墙也可用 ALC 墙板(蒸压轻质加气混凝土隔墙板)。

0.2.2　剪力墙结构

剪力墙结构是由剪力墙组成的承受竖向和水平向作用的结构。剪力墙与楼盖一起组成空间体系。剪力墙结构没有梁、柱凸入室内空间的问题,但墙体的分布使空间受到限制,无法做成大空间,适宜住宅和旅馆等隔墙较多的建筑。

现浇剪力墙结构建筑,无抗震设计要求时,最大适用高度为 150 m;有抗震设计要求时,根据设防烈度确定最大适用高度为 80~140 m。与现浇框架-剪力墙结构基本一样,仅 6 度设防时比框架-剪力墙结构高了 10 m。装配整体式剪力墙结构最大适用高度比现浇结构低了 10～20 m。

剪力墙结构 PC 建筑在国外非常少,高层建筑几乎没有,没有可供借鉴的装配式理论与经验。国内多层和高层剪力墙结构住宅很多。目前装配式结构建筑大都是剪力墙结构。就装配式而言,剪力墙结构的优势是:

(1)平板式构件较多,有利于实现自动化生产。

(2)模具成本相对较低。

装配式剪力墙结构目前存在的问题是:

(1)装配式剪力墙的试验和经验相对较少。较多的后浇筑区对装配式效率有较大的影响。

(2)结构连接的面积较大,连接点多,连接成本高。

(3)装饰装修、机电管线等受结构墙体约束较大。

0.2.3 框架-剪力墙结构

框架-剪力墙结构是由柱、梁和剪力墙共同承受竖向和水平向作用的结构。由于在结构框架中增加了剪力墙,弥补了框架结构侧向位移大的缺点;又由于只在部分位置设置剪力墙,不失框架结构空间布置灵活的优点。

框架-剪力墙结构的建筑适用高度与框架结构相比大大提高。无抗震设计要求时,最大适用高度为 150 m;有抗震设计要求时,根据设防烈度确定最大适用高度为 80～130 m。PC 框架-剪力墙结构,在框架部分为装配式、剪力墙部分为现浇的情况下,最大适用高度与现浇框架-剪力墙结构完全一样。框架-剪力墙结构多用于高层和超高层建筑。对于装配整体式框架-剪力墙结构,现行行业标准《装配式混凝土结构技术规程》(JGJ 1—2014)要求剪力墙部分现浇。日本的框架-剪力墙结构,剪力墙部分也是现浇。

框架-剪力墙结构框架部分的装配整体式与框架结构装配整体式一样,构件类型、连接方式和外围护做法没有区别。

0.2.4 筒体结构

筒体结构是竖向筒体为主组成的承受竖向和水平向作用的建筑结构。筒体结构的筒体分剪力墙围成的薄壁筒和由密柱框架或壁式框架围成的框筒等。

筒体结构还包括框架核心筒结构和筒中筒结构等。框架核心筒结构为由核心筒与外围稀疏框架组成的筒体结构。筒中筒结构是由核心筒与外围框筒组成的筒体结构。

筒体结构相当于固定于基础上的封闭箱形悬臂构件,具有良好的抗弯、抗扭性,与框架结构、框架-剪力墙结构和剪力墙结构相比具有更高的强度和刚度,可以应用于更高的建筑。

《高层建筑混凝土结构技术规程》(JGJ 3—2010)关于现浇筒体结构的适用高度规定,框架核心筒结构比框架-剪力墙结构和剪力墙结构高 10 m;筒中筒结构比框架-剪力墙结构和剪力墙结构高出 20~50 m,无抗震要求时达到 200 m,有抗震设防要求时可达 100~180 m。装配整体式筒体结构与框架结构一样,构件类型、连接方式和外围护做法等没有区别,如果有剪力墙核心筒,则采用现浇方式。

0.2.5 无梁楼板结构

无梁楼板结构是由柱、柱帽和楼板组成的承受竖向作用与水平向作用的结构。

由于无梁楼板结构没有梁,空间通畅,适用于多层公共建筑和厂房、仓库等。我国在 20 世纪 80 年代前就有装配整体式无梁楼板结构建筑的成功实践。

无梁楼板结构预制结构构件包括柱、预制柱帽、预制叠合板、预制杯形基础等。

0.2.6 单层钢筋混凝土柱厂房

单层钢筋混凝土柱厂房是由钢筋混凝土柱、轨道梁、钢屋架、预应力混凝土屋架或钢结构屋架组成的承受竖向作用和水平力作用的结构。单层钢筋混凝土柱厂房在我国工厂中应用较多,大多为全装配结构,干法连接。

装配式单层钢筋混凝土柱厂房预制结构构件包括柱、轨道梁、屋架、外墙板等,有的工程还包括预制杯形基础。

任务三 装配式混凝土结构主要构件

装配式混凝土建筑常见预制混凝土构件,包括框架结构的柱梁、剪力墙结构的墙板、楼板、外挂墙板和其他预制构件。

0.3.1 框架结构的柱梁

0.3.1.1 柱

柱是建筑物中垂直的主结构构件。装配式混凝土建筑的预制柱截面小、高度大、竖立稳定性差,因此在制作和运输中多采用水平作业的方式。预制柱主要有以下几种类型。

1. 单层柱

单层柱按形状分为方柱(见图 0.3.1)、矩形柱、L 形柱、圆柱、T 形扁柱(见图 0.3.2)、带翼缘柱或其他异形柱。

 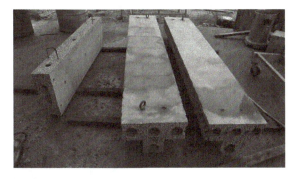

图 0.3.1　方柱　　　　　　　　　图 0.3.2　T 形扁柱

单层柱顶部一般与梁连接,如顶部为无梁板结构,可采用柱帽与板过渡连接。

2. 越层柱

越层柱就是某一层或几层为了大空间等效果,不设楼板及框架梁,直接采用穿越两层或多层的单根预制柱。越层柱一般设计成方柱或圆柱。越层柱因其高度大,制作时应编写专项作业方案,特别是脱模、存放、吊运等应严格按照专项作业方案进行。

3. 跨层柱

跨层柱是指穿越两层或两层以上的预制柱,与越层柱的区别是每层都与结构梁或板连接。跨层柱一般设计成方柱或圆柱,包括连筋柱和有连接构造的柱。跨层柱因其高度大,制作时也应编写专项作业方案,特别是脱模、存放、吊运等应严格按照专项作业方案进行作业。

0.3.1.2　梁

梁是建筑结构中的水平受力构件。装配式混凝土建筑的预制梁也应采用水平制作、水平运输的方式。预制梁主要有以下几种类型。

1. 普通梁

普通梁包括矩形梁(见图 0.3.3)、凸形梁、T 形梁(见图 0.3.4)、带挑耳梁、工字形梁、U 形梁等。

图 0.3.3　矩形梁　　　　　　　　　图 0.3.4　T 形梁

T形梁两侧挑出部分称为翼缘,中间部分称为梁肋。工字形梁由上、下翼缘和中部腹板组成。T形梁和工字形梁在制作、存放时稳定性差,应采取防倾倒措施。

2.叠合梁

叠合梁是分两次浇捣混凝土的梁(见图0.3.5)。首先在预制工厂做成预制梁,当预制梁在施工现场吊装安放完成后,再浇捣上部的混凝土使其连成整体。

图0.3.5　叠合梁

3.连体梁

连体梁也称为连筋式叠合梁,是指在预制时将多跨的主梁底部用受力筋连接,梁中上部承压区用临时机具固定,在安装完成后与其他构件用现浇混凝土连接的一种梁。其特点是受力筋无须二次连接,保证了强度,便于施工。

4.连梁

连梁是指在剪力墙结构和框架剪力墙结构中,连接墙肢与墙肢,在墙肢平面内相连的梁(见图0.3.6),连梁一般为叠合梁。

图0.3.6　连梁

0.3.2 剪力墙结构的墙板

剪力墙结构的墙板是建筑承载的主体,分为剪力墙内墙板和剪力墙外墙板。剪力墙板多采用水平浇筑,立式存放和运输。为确保安全,剪力墙板在存放和运输时通常采用专用钢架。

剪力墙板按其形状,分为标准型墙板(见图 0.3.7)、T 形墙板、L 形墙板和 U 形墙板等;按其构造形式,分为实心墙板(见图 0.3.8)、双面叠合墙板(见图 0.3.9)、夹心保温墙板(见图 0.3.10)和预制圆孔墙板(见图 0.3.11)等。

图 0.3.7　标准型墙板

图 0.3.8　实心墙板

图 0.3.9　双面叠合墙板

图 0.3.10　夹心保温墙板

图 0.3.11　预制圆孔墙板

0.3.3 楼板

预制混凝土楼板是指在工厂或现场预先制作的混凝土楼板。预制混凝土楼板按照制造工艺不同可分为预制混凝土叠合楼板、预制混凝土实心楼板、混凝土空心楼板、预制混凝土双T板等。装配式混凝土建筑的预制楼板采用水平浇筑、水平运输的方式,存放和运输时应保证各层支点在同一垂直线上。

1. 预制混凝土叠合楼板

预制混凝土叠合楼板最常见的主要有两种,一种是钢筋桁架混凝土叠合楼板,另一种是预制带肋底板混凝土叠合楼板。

1) 钢筋桁架混凝土叠合楼板

叠合楼板是由预制底板和现浇混凝土层叠合而成的装配整体式楼板(见图0.3.12)。

图 0.3.12　叠合楼板

叠合楼板用作现浇混凝土层的底模,不必为现浇层再支撑模板。叠合楼板底面光滑平整,板缝经处理后,顶棚可以不再抹灰。叠合楼板具有现浇楼板的整体性、刚度大、抗裂性好和节约模板等优点。叠合楼板又分为单向板和双向板,单向板两个侧面不出筋,双向板两个侧面出筋。

桁架钢筋混凝土叠合楼板下部为预制混凝土板,外露部分为桁架钢筋,叠合楼板在工地安装到位后要进行二次浇筑,从而成为整体实心楼板。桁架钢筋的主要作用是将后浇筑的混凝土与预制底板形成整体,并在制作和安装过程中提供刚度。伸出预制混凝土层的桁架钢筋和粗糙的混凝土表面保证了叠合楼板预制部分与现浇部分能有效结合成整体(见图0.3.13)。

图 0.3.13　钢筋桁架楼承板

钢筋桁架是在后台加工场定型加工,现场施工时需要先将压型板使用栓钉固定在钢梁上,再放置钢筋桁架进行绑扎,验收后浇筑混凝土。桁架钢筋实现了机械化生产,有利于钢筋排列间距均匀、混凝土保护层厚度一致,提高了楼板的施工质量。装配式桁架钢筋混凝土叠合楼板可显著减少现场钢筋绑扎工程量,加快施工进度,提高施工安全性,实现文明施工。装配式模板和连接件拆装方便,可多次重复利用,节约钢材,符合国家节能环保的要求。

图 0.3.14 为钢筋桁架示意图。图集中的钢筋桁架共六种规格,规格及代号见表 0-2,不同钢筋桁架设计高度分别对应相应的叠合层厚度,A 级和 B 级的差别在于上弦钢筋直径,一般当跨度较小时,选用 A 级;跨度较大时,选用 B 级。钢筋桁架的选用详见图集中底板参数表。

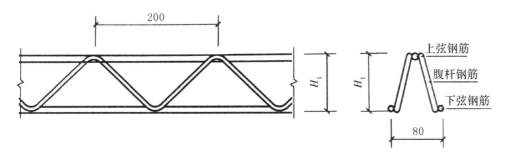

图 0.3.14　钢筋桁架示意图(单位:mm)

表 0-2　钢筋桁架规格及代号

桁架代号	上弦钢筋公称直径/mm	下弦钢筋公称直径/mm	腹杆钢筋公称直径/mm	桁架设计高度/mm	60 mm 厚底板叠合层厚度/mm
A80	8	8	6	80	70
A90	8	8	6	90	80
A100	8	8	6	100	90
B80	10	8	6	80	70
B90	10	8	6	90	80
B100	10	8	6	100	90

2)预制带肋底板混凝土叠合楼板

预制带肋底板混凝土叠合楼板(见图 0.3.15)是一种 PK 预应力带肋混凝土叠合楼板(PK板),PK 板具有以下优点:

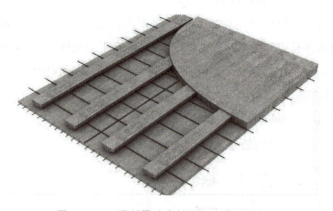

图 0.3.15　预制带肋底板混凝土叠合楼板

①国际上最薄、最轻的叠合板之一:厚度 3 cm,自重 110 kg/m²。

②用钢量最省:由于采用 1860 级高强预应力钢丝,比其他叠合板用钢量节省 60%。

③承载能力最强:破坏性试验承载力可达 1.1 t/m²。

④抗裂性能好:由于采用了预应力,极大地提高了混凝土的抗裂性能。

⑤新老混凝土结合好:由于采用了 T 形肋,现浇混凝土形成倒梯形,新老混凝土互相咬合,新混凝土流到孔中又形成销栓作用。

⑥可形成双向板:在侧孔中横穿钢筋,避免了传统叠合板只能做单向板的弊病,且预埋管线更方便。

2.实心楼板

实心楼板是指在构件工厂中加工生产的无中空平面承重预制构件(见图 0.3.16)。实心楼板分为单向板、双向板、悬挑板等。因结构简单,实心楼板特别适用于平面尺寸较小的房间,如厨房、卫生间、公共建筑的走廊等部位。在建筑设计轻量化、绿色化、实用化的发展趋势下,实心楼板逐渐被空心楼板、叠合楼板等取代。

3. 预应力空心楼板

为提高楼板的承载力、增大跨度并控制自重,采用先张法预应力布筋方式,并在混凝土板中部非受力部位用预置芯模减少混凝土用量,使用这种组合形式预制加工的楼板为预应力空心楼板(见图0.3.17)。

图 0.3.16　实心楼板

图 0.3.17　预应力空心楼板

预应力空心楼板比普通楼板自重轻,重量约是实心楼板的一半,但承载力更高,尤其承载动荷载能力更强,常用于工业厂房、桥梁等跨度较大的建筑中。

4. 预应力叠合楼板

预应力叠合楼板结构是由预制的预应力薄板和现场浇筑的混凝土叠合层形成的楼板(见图0.3.18),预制的预应力薄板(厚5~8 cm)与上部现浇混凝土层结合成为一个整体。

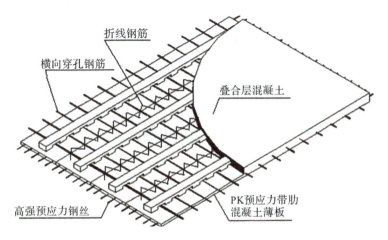

图 0.3.18　预应力叠合楼板

预应力叠合楼板跨度一般在 8 m 以内,能广泛用于旅馆、办公楼、学校、住宅、医院、仓库、停车场、多层工业厂房等各种房屋建筑工程。

0.3.4 外挂墙板

装配式建筑的外挂墙板是装饰围护一体化,并在工厂预制加工成具有各类形态或质感的预制构件。外挂墙板在制作过程中应确保预埋的安装节点位置准确,存放、运输、安装过程中应注意保护安装节点,以免其受到损坏。

外挂墙板按其安装方向,分为横向外挂墙板(见图 0.3.19)和竖向外挂墙板(见图 0.3.20);根据采光方式,分为有窗外挂墙板(见图 0.3.21)和无窗外挂墙板(见图 0.3.22);根据其表面肌理、造型、颜色、工艺技术等,主要分为清水类、模具造型类、异形曲面类、彩色类、水磨洗出类及光影成像类等外挂墙板(见图 0.3.23)。

图 0.3.19　横向外挂墙板

图 0.3.20　竖向外挂墙板

图 0.3.21　有窗外挂墙板

图 0.3.22　无窗外挂墙板　　　　图 0.3.23　不同艺术造型的外挂墙板

外挂墙板因其可塑性强、造型丰富、结构耐久、便于施工安装等特点,在大型艺术场馆或公共建筑上已得到广泛应用。

0.3.5 其他预制构件

1. 楼梯

楼梯(见图0.3.24)分为梯段、平台梁和平台板三部分。

楼梯由工厂预制生产,现场安装,质量、效率极大提高,节约工期及人工成本,安装后无须再做饰面,外观好,结构施工段支撑少、易通行,生产工厂和安装现场无垃圾产生,在装配式建筑中应用广泛。

图 0.3.24 楼梯

2. 阳台板、空调板

阳台板(见图0.3.25)、空调板(见图0.3.26)在工厂预制,可以节省工地支模的人工费用、材料费用,有效地提高现场施工效率,保证质量,节约工期。

图 0.3.25 阳台板

图 0.3.26 空调板

任务四　装配式混凝土构件的主要材料

除了一些专用材料外,装配式混凝土结构使用的材料大多与现浇混凝土结构一样。本任务介绍钢筋、灌浆套筒、金属波纹管及螺纹盲孔材料、机械套筒、预制夹心保温板拉结件、钢筋间隔件、内埋式螺母、内埋式吊钉。

0.4.1　钢筋

钢筋在装配式混凝土预制构件中除了作为结构设计配筋外,还用于制作浆锚连接的螺旋加强筋、预制构件脱模或安装用的吊环、预埋件或内埋式螺母底部的加强筋等。

(1)行业标准《装配式混凝土结构技术规程》(以下简称《装规》)规定:"普通钢筋采用套筒灌浆连接和浆锚搭接连接时,钢筋应采用热轧带肋钢筋。"

(2)在装配式混凝土结构设计时,考虑到连接套筒、浆锚螺旋筋、钢筋连接和预埋件相对现浇结构更"拥挤",宜选用大直径高强度钢筋,以减少钢筋根数,避免间距过小对混凝土浇筑的不利影响。

(3)钢筋的力学性能指标应符合现行国家标准《混凝土设计规范》(以下简称《混规》)的规定。

(4)钢筋焊接网应符合现行行业标准《钢筋焊接网混凝土结构技术规程》(JGJ 114—2014)的规定。

(5)在预应力预制构件中会用到预应力钢丝、预应力钢绞线和预应力螺纹钢筋等,其中以预应力钢绞线最为常用。预应力钢绞线应符合《混规》中的相应要求和指标。

(6)预制构件的吊环用钢筋制作时,应按照行业标准《装规》的要求:"应采用未经冷加工的HPB300级钢筋制作"。

(7)预制构件不能使用冷拔钢筋。当用冷拉办法调直钢筋时,必须控制冷拉率,光圆钢筋冷拉率应小于4%,带肋钢筋冷拉率应小于1%。

0.4.2　灌浆套筒

钢筋套筒灌浆连接技术是《装规》推荐的主要的接头连接方式,是形成各种装配整体式混凝土结构的重要基础。

1. 灌浆套筒构造

灌浆套筒分为全灌浆套筒及半灌浆套筒(见图0.4.1),其构造包括筒壁、剪力槽、灌浆口、出浆口及钢筋限位挡块等。

(a)全灌浆套筒　　　　　　　　(b)半灌浆套筒

图 0.4.1　灌浆套筒

2. 灌浆套筒材质

(1)灌浆套筒材质有碳素结构钢、合金结构钢和球墨铸铁。

(2)碳素结构钢和合金结构钢套筒采用机械加工工艺制造;球墨铸铁套筒采用铸造工艺制造。

(3)我国目前应用的套筒既有机械加工制作的碳素结构钢或合金结构钢套筒,也有铸造工艺制作的球墨套筒。

(4)《钢筋连接用灌浆套筒》(JG/T 398-2012)给出了球墨铸铁和各类钢灌浆套筒的材料性能,分别见表0-3和表0-4。

表 0-3　球墨铸铁灌浆套筒的材料性能

项目	性能指标
抗拉强度/MPa	≥550
断后伸长率/%	≥5
球化率/%	≥85
硬度/HBW	180~250

表 0-4　各类钢灌浆套筒的材料性能

项目	性能指标
屈服强度/MPa	≥355
抗拉强度/MPa	≥600
断后伸长率/%	≥16

3. 灌浆套筒分类

全灌浆套筒是两端均采用灌浆连接方式的套筒;半灌浆套筒一端采用灌浆连接方式,另一端通常采用螺纹连接方式(见图0.4.2)。

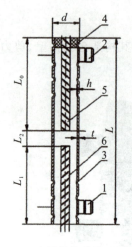 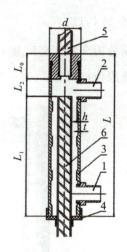

(a) 全灌浆套筒构造　　　　　　　(b) 半灌浆套筒构造

1—灌浆孔；2—排浆孔；3—凸起(剪力槽)；4—橡胶塞；5—预制端钢筋；6—现场装配端钢筋；L—灌浆套筒总长；L_0—预制端锚固长度；L_1—现场装配端锚固长度；L_2—现场装配端预留钢筋调整长度；d—灌浆套筒外径；t—灌浆套筒壁厚；h—凸起高度。

图 0.4.2　灌浆套筒构造

预制剪力墙构件、预制框架柱等竖向结构构件的纵筋连接，可以选用半灌浆套筒连接，也可以选择全灌浆套筒连接。水平预制梁的梁梁钢筋连接如果采用套筒灌浆连接，应采用全灌浆套筒连接：套筒先套在一根钢筋上，与另一钢筋对接就位后，套筒移到两根连接钢筋中间，且两端伸入均达到锚固长度所需的标记位置后进行灌浆连接。在设计水平预制梁的梁梁钢筋连接时，在现浇连接区应留有足够的套筒滑移空间，至少确保套筒能够滑移到与一侧的出筋长度齐平，安装时才不会碰撞。施工安装时应控制两根连接钢筋的轴线偏差≤5 mm。

0.4.3　金属波纹管及螺纹盲孔材料

1. 金属波纹管

金属波纹管可以用在受力结构构件的浆锚搭接连接上，也可以当做非受力填充墙预制构件限位连接筋的预成孔模具使用(不能脱出)。可以脱出重复使用的内置灌浆螺纹盲孔模具目前在上海应用比较普遍，主要用在非受力填充墙预制构件限位筋的连接上。

金属波纹管是浆锚搭接连接方式用的材料，预埋于预制构件中，形成浆锚孔内壁，见图 0.4.3，直径大于 20 mm 的钢筋连接不宜采用金属波纹管浆锚搭接连接，直接承受动力荷载的构件纵向钢筋连接不应采用金属波纹管浆锚搭接连接。

图 0.4.3　预埋在预制构件中的金属波纹管

2. 灌浆螺纹盲孔材料

非受力填充墙预制构件限位筋的连接,需要在预制构件限位连接筋处预置灌浆孔,为了增强混凝土与灌浆料之间的摩擦力,需要在灌浆孔内壁形成粗糙面,灌浆螺纹盲孔内壁粗糙面可以埋入金属波纹管形成(不脱出),也可以采用内置式螺纹盲孔模具来成孔,这种内置式模具不仅要能形成螺纹粗糙面,还要考虑脱模方便,成孔质量高。内置式模具与金属波纹管相比,其优势有两点:第一是模具能够重复循环使用,更省成本;第二是形成的内孔壁界面直接是混凝土界面,不需要考虑材料的耐久性问题。要注意的是,内置式模具应在混凝土初凝时脱模。

无论是金属波纹管成孔,还是内置式模具成孔,都应对成孔工艺、孔道形状、孔道内壁的粗糙度或花纹深度以及间距等形成的连接接头力学性能以及适用性进行试验验证。

0.4.4　机械套筒

通过机械套筒连接钢筋的方式有螺纹套筒连接和套筒挤压连接,见图 0.4.4。在装配式混凝土结构里,螺纹套筒连接一般用于预制构件与现浇混凝土结构之间的钢筋连接,与现浇混凝土结构中直螺纹钢筋接头的要求相同,应符合《钢筋机械连接技术规程》(JCJ 107—2010)的规定。预制构件之间的连接主要是套筒挤压连接。下面介绍套筒挤压连接。

(a)螺纹套筒连接

(b)套筒挤压连接

图 0.4.4　机械套筒连接钢筋的方式

预制构件之间连接节点后浇筑混凝土区域的钢筋连接会用到挤压套筒。套筒挤压连接是通过钢筋与套筒咬合作用将一根钢筋的力传递到另一根钢筋,适用于热轧带肋钢筋的连接。两个预制构件之间进行套筒挤压连接的困难之处主要是生产和安装精度控制,钢筋对位要准确,预制构件之间后浇段应留有足够的施工操作空间。常用直径连接钢筋的套筒挤压连接,压接钳连接操作空间一般大约需要 100 mm(含挤压套筒)。

按照不同的分类方式,套筒挤压钢筋接头可有不同形式。

1. 按连接钢筋最大直径分类

按照连接钢筋的最大直径,套筒挤压钢筋接头类可分为两种形式。

(1)连接钢筋最大直径≥18 mm 时,可用于预制柱、预制墙板、预制梁等构件的钢筋连接。

(2)连接钢筋最大直径≤16 mm 时,可以采用套筒搭接挤压方式,适用于预制叠合楼板、预制墙板等构件的钢筋连接。

2. 按挤压方向分类

按照挤压方向,套筒挤压钢筋接头也可分为两种类型。

(1)径向挤压机械连接套筒:连接套筒先套在一根钢筋上,与另一钢筋对接就位后,套筒移到两根钢筋中间,用压接钳沿径向挤压套筒,使得套筒和连接钢筋之间形成咬合力将两根钢筋进行连接,见图 0.4.5。径向挤压机械连接套筒在混凝土结构工程中应用较为普遍。

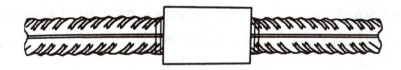

图 0.4.5　套筒挤压连接示意图

(2)轴向挤压机械锥套锁紧连接:也是一种挤压式连接,目前尚无相应的国家或行业技术标准。

0.4.5　预制夹心保温板拉结件

预制夹心保温板拉结件有非金属和金属两类。

1. 非金属拉结件

非金属拉结件由高强度玻璃纤维和树脂制成,导热系数低,应用方便。

1)Thermomass 拉结件

Thermomass 拉结件(见图 0.4.6)分为 MS 和 MC 型两种。MS 型有效嵌入混凝土中 38 mm;MC 型有效嵌入混凝土达 51 mm。

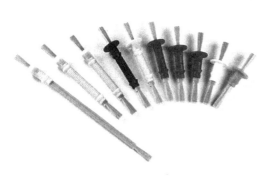

图 0.4.6　Thermomass 拉结件

2）南京斯贝尔 FRP 拉结件

南京斯贝尔 FRP 拉结件由 FRP 拉结板（杆）和 ABS 定位套环组成。其中，FRP 拉结板（杆）为拉结件的主要受力部分，采用高性能玻璃纤维（GFRP）无捻粗纱和特种树脂经拉挤工艺成型，并经后期切割形成设计所需的形状；ABS 定位套环主要用于拉结件施工定位，其长度一般与保温层厚度相同，采用热塑工艺成型。

FRP 材料最突出的优点在于它有很高的比强度（极限强度/相对容重），即通常所说的轻质高强，FRP 的比强度是钢材的 20～50 倍。另外，FRP 还有良好的耐腐蚀性、良好的隔热性能和优良的抗疲劳性能。

2.金属拉结件

欧洲预制夹心保温板较多使用金属拉结件，德国哈芬公司的金属拉结件材质是不锈钢，包括不锈钢杆、不锈钢板和不锈钢圆筒等类型（图 0.4.7）。

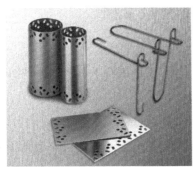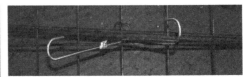

图 0.4.7　哈芬公司金属拉结件

哈芬公司的金属拉结件在力学性能、耐久性和安全性方面有较大优势，但导热系数比较高，埋置作业较繁琐，价格也比较贵。

3.拉结件选用注意事项

（1）技术成熟的拉结件厂家会向使用者提供拉结件抗拉强度、抗剪强度、弹性模量、导热系数、耐久性、防火性能等力学物理性能指标,并提供布置原则、锚固方法、力学和热工计算资料等。

(2)拉结件须由具有专门资质的第三方厂家进行相关材料力学性能的检验。

0.4.6 钢筋间隔件

钢筋间隔件即保护层垫块,是用于控制钢筋保护层厚度或钢筋间距的物件。按材料的不同,钢筋间隔件分为水泥基类(见图0.4.8)、金属类(见图0.4.9)和塑料类(见图0.4.10)。

 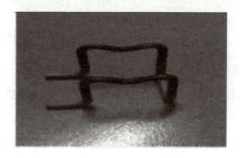

图0.4.8 水泥基类钢筋间隔件　　　　图0.4.9 金属类钢筋间隔件

图0.4.10 塑料类钢筋间隔件

装配式混凝土建筑无论预制构件还是现浇混凝土,均不得用石子、砖块、木块、碎混凝土块等作为间隔件。间隔件的选用原则如下:

(1)水泥砂浆间隔件强度较低,不宜选用。

(2)混凝土间隔件的强度应当比预制构件混凝土强度等级提高一级,且不应低于C30。

(3)不得使用断裂、破碎的混凝土间隔件。

(4)塑料间隔件不得采用聚氯乙烯类塑料或二级以下再生塑料制作。

(5)塑料间隔件可作为表层间隔件,但环形塑料间隔件不宜用于梁、板底部。

(6)不得使用老化断裂或缺损的塑料间隔件。

(7)金属间隔件可作为内部间隔件,不应用作表层间隔件。

0.4.7 内埋式螺母

内埋式螺母属于通用预埋件,是由专业厂家制作的标准或定型产品,包括内埋式金属螺母、内埋式塑料螺母。定型产品由预埋件厂家负责设计,装配式建筑的结构设计师根据需要选用即可。

1. 内埋式金属螺母

(1)现行国家标准《混规》中要求:预制构件宜采用内埋式螺母和内埋式吊杆等。

(2)内埋式金属螺母(见图 0.4.11)具有预制构件制作时模具不用穿孔,运输、存放、安装过程中不会挂碰等优点。

图 0.4.11　内埋式金属螺母及吊具

(3)内埋式金属螺母的材质为高强度的碳素结构钢或合金结构钢。

(4)按锚固方式不同,内埋式金属螺母可分为螺纹型、丁字型、燕尾型和穿孔插入钢筋型。

2. 内埋式塑料螺母

内埋式塑料螺母多预埋到叠合楼板底面,用于悬挂电线等较轻的管线。

0.4.8 内埋式吊钉

内埋式吊钉是专用于吊装的预埋件,吊钩卡具连接非常方便,称为快速起吊系统。

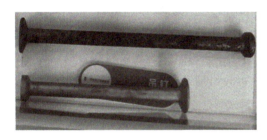

图 0.4.12　内埋式吊钉

图 0.4.13　内埋式吊钉与卡具

任务五　装配式混凝土建筑的连接方式

0.5.1　连接方式概述

连接是装配式混凝土建筑最关键的环节,也是保证结构安全而需要重点监理的环节。装配式混凝土建筑的连接方式主要分为两类:湿连接和干连接。

湿连接是用混凝土或水泥基灌浆料与钢筋结合形成的连接,如套筒灌浆、浆锚搭接和后浇混凝土等,适用于装配整体式混凝土建筑的连接;干连接主要借助于金属连接,如螺栓连接、焊接等,适用于全装配式混凝土建筑的连接和装配整体式混凝土建筑中的外挂墙板等非主体结构构件的连接。

湿连接的核心是钢筋连接,包括套筒灌浆连接、浆锚搭接、机械套筒连接、注胶套筒连接、绑扎连接、焊接、锚环钢筋连接、钢索钢筋连接和后张法预应力连接等。湿连接还包括预制构件与现浇接触界面的构造处理(如键槽和粗糙面),以及其他方式的辅助连接(如型钢螺栓连接)。

干连接用得最多的方式是螺栓连接、焊接和搭接。

0.5.2　主要连接方式简介

装配式混凝土建筑常用的主要连接方式包括套筒灌浆连接、浆锚搭接、后浇混凝土连接、粗糙面与键槽构造处理等。

1. 套筒灌浆连接

套筒灌浆连接是目前装配式混凝土建筑中预制构件连接尤其是竖向预制构件连接应用最广泛、最安全、最可靠的连接方式之一。

全灌浆套筒连接原理是,将需要连接的带肋钢筋插入金属套筒内"对接",在套筒内灌入高强且有微膨胀特性的灌浆料拌合物,灌浆料拌合物凝固后在套筒内壁与钢筋之间形成较大的压力,在钢筋带肋的粗糙表面产生较大的摩擦力,由此得以传递钢筋的轴向力。

半灌浆套筒连接方式的原理也是钢筋采取对接的方式,将需要连接的带肋钢筋端头镦粗后加工直螺纹,或在钢筋端头直接滚轧直螺纹与套筒内孔的直螺纹咬合连接;另一端头钢筋直接插入套筒内,在套筒内灌入高强且有微膨胀特性的灌浆料拌合物,灌浆料拌合物凝固后在套筒内壁与钢筋之间形成较大的压力,从而在钢筋带肋的粗糙表面产生较大的摩擦力,由此得以传递钢筋的轴向力。

2. 浆锚搭接

浆锚搭接连接方式分为波纹管浆锚搭接连接方式和内模成孔螺旋筋浆锚搭接连接方式。

1)波纹管浆锚搭接连接方式与原理

波纹管浆锚搭接连接方式的原理是,钢筋采取搭接的方式,在预制构件下端预埋大口径金属波纹管,金属波纹管贴紧预埋连接钢筋并延伸到预制构件下端面形成一个波纹管孔洞,波纹管另一端向上从预制构件侧壁引出,预制构件浇筑成型后每根连接钢筋旁都有一根波纹管形成的预留孔(见图0.5.1)。预制构件在现场安装时,将另一构件的连接钢筋全部插入该预制构件上对应的波纹管内,然后从波纹管上方灌浆孔灌入高强度浆料拌合物,灌浆料拌合物充满波纹管与连接钢筋的间隙并凝固后即形成一个钢筋搭接锚固接头,实现两个构件之间的钢筋连接(见图0.5.2)。

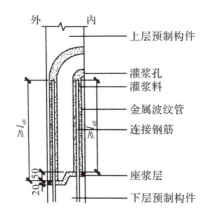

图 0.5.1 波纹管浆锚搭接连接示意图

图 0.5.2 波纹管浆锚搭接连接实例

2)内模成孔螺旋筋浆锚搭接连接方式与原理

内模成孔螺旋筋浆锚搭接连接方式的原理也是钢筋采取搭接的方式,在预制构件下端预埋螺旋状的约束箍筋,在螺旋箍筋内侧设置连接钢筋,螺旋箍筋内通过内置模具形成螺旋孔,构件安装时将需要连接的带肋钢筋插入预制构件的预留孔道内,在孔道内灌入高强且有微膨胀特性的灌浆料拌合物,锚固住插入的钢筋,与孔道旁预埋在预制构件中的受力钢筋"搭接",这种情况属于有距离搭接。灌浆料拌合物凝固后,即形成外部具有约束箍筋的钢筋搭接锚固接头,从而完成两个构件之间的钢筋连接(见图0.5.3)。

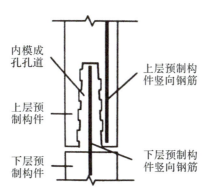

图 0.5.3 内模成孔螺旋筋浆锚搭接示意图

3. 后浇混凝土连接

后浇混凝土是指预制构件安装后在预制构件连接区或叠合层现场浇筑的混凝土。在装配式建筑中,基础、首层、裙楼、顶层等部位的现浇混凝土,称为现浇混凝土;连接和叠合部位的现浇混凝土,称为后浇混凝土。

后浇混凝土是装配整体式混凝土结构中非常重要的连接方式。钢筋连接是后浇混凝土连接节点最重要的环节(见图0.5.4)。后浇区钢筋连接方式包括:机械(螺纹、挤压)套筒连接、灌浆套筒连接、钢筋搭接、钢筋焊接及其他连接方式。

图0.5.4 后浇混凝土区域的受力钢筋连接

4. 粗糙面与键槽

预制混凝土构件与后浇混凝土的接触面须做成粗糙面或键槽,以提高抗剪能力。试验表明,不计钢筋作用的平面、粗糙面和键槽混凝土抗剪能力的比例关系是 1∶1.6∶3,即粗糙面抗剪能力是平面抗剪能力的 1.6 倍,键槽抗剪能力是平面抗剪能力的 3 倍。所以,预制构件与后浇混凝土接触面或做成粗糙面,或做成键槽,或两者兼有。

1)粗糙面

对于压光面(如叠合板、叠合梁表面),在混凝土初凝前"拉毛"形成粗糙面(见图0.5.5)。

对于模具面(如梁端、柱端表面),可在模具上涂刷缓凝剂,拆模后用水冲洗未凝固的水泥浆,露出骨料,形成粗糙面。

2)键槽

键槽是靠模具凸凹成型的(见图0.5.6)。

图 0.5.5 预应力叠合板压光面处理粗糙面

图 0.5.6 叠合梁键槽

课后题

一、单选题

1. 下列关于施工部署中的物资准备工作,说法不正确的是(   )。
   A. 根据分部(项)工程施工方法和施工进展安排物资准备工作
   B. 按照施工总平面图组织物资在指定地点存放
   C. 建立精干有能力的施工队组
   D. 提前制定物资采购计划

2. 技术准备是施工准备的核心,技术准备工作内容不包括(   )。
   A. 熟悉、审查施工图和有关的设计资料
   B. 原始资料的调查分析
   C. 编制施工组织设计
   D. 组织劳动力

3. 装配整体式框架结构施工的特点不包括(   )。
   A. 标准化施工   B. 现场施工简便
   C. 采用湿式连接   D. 缺乏环保节能效果

4. 下列关于装配式钢结构的优点,说法错误的是(   )。
   A. 没有现场现浇节点,安装速度更快,施工质量更容易得到保证
   B. 钢结构是延性材料,具有更好的抗震性能
   C. 钢结构是可回收材料,更加绿色环保
   D. 梁、柱截面更大,结构性能更加稳定

5. 下列关于装配整体式剪力墙结构的说法,错误的是(   )。
   A. 现场结构施工采用预制装配式方法
   B. 预制构件采用在工厂流水线加工制作
   C. 装配式剪力墙中仍需要现浇混凝土

D. 楼梯在 PC 构件设置时就需要考虑点位以设置预埋件

6. 下列不属于装配式钢结构缺点的是（　　）。

　　A. 装配式钢结构外墙体系与传统建筑存在差别，较为复杂

　　B. 装配式钢结构外墙体系与传统建筑无明显差别

　　C. 钢结构比传统混凝土结构更贵

　　D. 装配式钢结构需注意防火和防腐问题

7. 下列关于干式连接的说法，错误的是（　　）。

　　A. 全预制框架结构的节点采用干式连接

　　B. 装配整体式框架结构的节点采用干式连接

　　C. 干式连接的结构刚度和整体性较差

　　D. 干式连接的预制率高、施工速度快

8. 下列不属于装配式混凝土建筑施工重难点的是（　　）。

　　A. 模架支设　　　　　　　　B. 钢筋定位

　　C. 灌浆套筒　　　　　　　　D. 拼缝处连接

9. 预制叠合板在现场施工时辅以必要的现浇叠合层钢筋混凝土结构是为了（　　）。

　　A. 节省资源　　　　　　　　B. 绿色施工

　　C. 提高结构体系的整体性　　D. 方便快捷

二、简答题。

　　1. 什么是装配式建筑？

　　2. 按结构材料分类，装配式建筑可以分为哪些种类？

　　3. 你见过的装配式建筑有哪些？

　　4. 装配式建筑有哪些建筑基本构件？

　　5. 装配式建筑构件集成化生产是什么？

　　6. 装配式建筑与传统建筑相比，具有哪些优越性？

　　7. 简述预制混凝土构件厂的总体规划设计的原则。

　　8. 简述预制构件的流水线生产组织的类型和特点。

项目一　预制混凝土构件施工图识读

思政小课堂

当今社会人们心浮气躁，追求"短、平、快"（周期短、投资少、见效快）带来的即时利益，从而忽略了产品的品质灵魂。因此，企业更需要工匠精神，才能在长期的竞争中获得成功。当个别企业热衷于"圈钱—做死某款产品—再出新品—再圈钱"的循环时，坚持"工匠精神"的企业，依靠信念、信仰，产品不断改进、不断完善，最终，通过高标准严要求的历练之后，成为拥有众多用户的优质企业。在这个过程中，他们的精神是完完全全的享受，是脱俗的，也是正面积极的。

情境描述

构件生产厂技术员王某接到某工程预制混凝土剪力墙外墙的生产任务，其中标准层一块带一个窗洞的矮窗台外墙板选用了标准图集15G365-1《预制混凝土剪力墙外墙板》中编号为WQCA-3028-1516的内叶板。该内叶板所属工程的结构及环境特点如下：

该工程为政府保障性住房，位于××西侧，××北侧，××南侧，××东侧。工程采用装配整体式混凝土剪力墙结构体系，预制构件包括：预制夹心外墙、预制内墙、预制叠合楼板、预制楼梯、预制阳台板及预制空调板。该工程地上11层，地下1层，标准层层高2800 mm，抗震设防烈度7度，结构抗震等级三级。内叶墙板按环境类别一类设计，厚度为200 mm，建筑面层为50 mm，采用混凝土强度等级为C30，坍落度要求35～50 mm。

王某现需结合主工图识图规则进行图纸识读（见图1.0.1），进行钢筋、混凝土材料的准备。

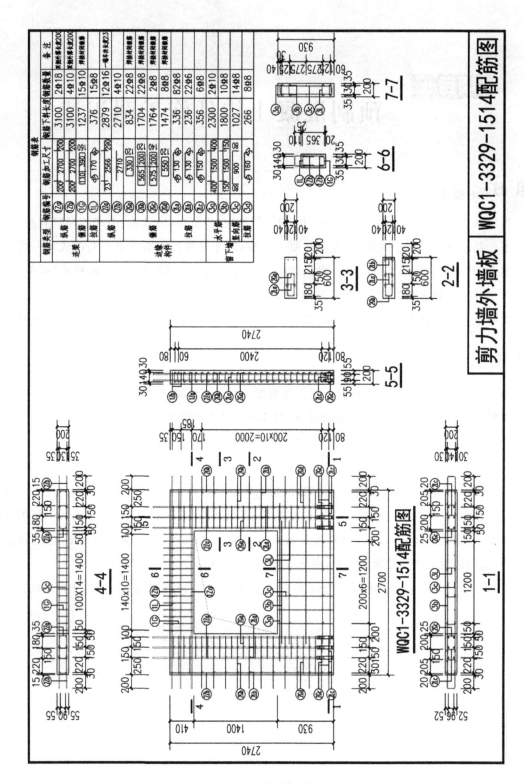

图 1.0.1 剪力墙配筋图

项目一　预制混凝土构件施工图识读

学习方法

抓核心：遵循"熟练识图 → 精准施工 → 质量管控 → 组织验收"知识链。

重实操：不仅要有必需的理论知识，更要有较强的操作技能，认真完成配备的实训内容，多去实训基地观察、动手操作，提高自己解决问题的能力。

举一反三：在掌握基本知识的基础上，不断总结，举一反三、以不变应万变，真正掌握平法识图规则。

知识目标

掌握预制混凝土剪力墙构造要求及识图规则；

掌握预制混凝土叠合板构造要求及识图规则；

掌握预制混凝土板式楼梯构造要求及识图规则。

能力目标

能识读装配式混凝土框架结构结构施工图；

能识读装配式混凝土剪力墙结构结构施工图。

素质目标

认真负责，团结合作，维护集体的荣誉和利益；

努力学习专业技术知识，不断提高专业技能；

遵纪守法，具有良好的职业道德；

严格执行建设行业有关标准、规范、规程和制度。

任务一　预制混凝土构件——板施工图识读

1.1.1 相关知识

装配整体式结构的楼盖宜采用叠合楼盖，叠合楼盖有多种形式，桁架钢筋混凝土叠合板是常用的叠合楼盖形式，包括底板和后浇面层两部分。底板按受力性能分为双向受力叠合板用底板（以下简称"双向板底板"）和单向受力叠合板用底板（以下简称"单向板底板"）。双向板底板按所处楼盖中的位置不同，又分为边板和中板，如图 1.1.1 所示。

(a)双向受力叠合板用底板(边板)

(b)双向受力叠合板用底板(中板)

(c)单向受力叠合板用底板

图1.1.1 桁架钢筋混凝土叠合板

叠合板的预制板厚度一般不宜小于60 mm,但在采取可靠的构造措施的情况下(如设置桁架钢筋或板肋等,以此增加预制板刚度),可以考虑将其厚度适当减少。后浇混凝土叠合层厚度不应小于60 mm,叠合板后浇层最小厚度综合考虑楼板整体性要求以及管线预埋、面筋铺设、施工误差等因素而制定。

1.1.2 预制混凝土板施工图识读规则

1. 双向板底板编号规则

桁架钢筋混凝土叠合板用底板(双向板)的编号规则如图1.1.2所示,其中底板宽度及跨度见表1-1,跨度方向、宽度方向钢筋代号见表1-2。

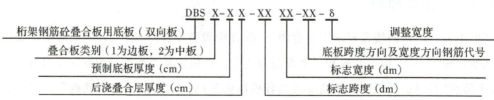

图1.1.2 双向受力叠合板用底板编号规则

表 1-1 双向板底板宽度及跨度表

宽度	标志宽度/mm	1200	1500	1800	2000	2400
	边板实际宽度/mm	960	1260	1560	1760	2160
	中板实际宽度/mm	900	1200	1500	1700	2100
跨度	标志跨度/mm	3000	3300	3600	3900	4200	4500
	实际跨度/mm	2820	3120	3420	3720	4020	4320
	标志跨度/mm	4800	5100	5400	5700	6000	—
	实际跨度/mm	4620	4920	5220	5520	5820	—

表 1-2 双向板跨度方向、宽度方向钢筋代号组合表

跨度方向钢筋 宽度方向钢筋	Φ8@200	Φ8@150	Φ10@200	Φ8@150
Φ8@200	11	21	31	41
Φ8@150	—	22	32	42
Φ8@100	—	—	—	43

例如,底板编号 DBS1-67-3620-31,表示双向受力叠合板用底板,拼装位置为边板,预制底板厚度为 60 mm,后浇叠合层厚度为 70 mm,预制底板的标志跨度为 3600 mm,预制底板的标志宽度为 2000 mm,底板跨度方向配筋为 Φ10@200,底板宽度方向配筋为 Φ8@200。

如底板编号 DBS2-67-3620-31,表示双向受力叠合板用底板,拼装位置为中板,预制底板厚度为 60 mm,后浇叠合层厚度为 70 mm,预制底板的标志跨度为 3600 mm,预制底板的标志宽度为 2000 mm,底板跨度方向配筋为 Φ10@200,底板宽度方向配筋为 Φ8@200。

2. 单向板底板编号规则

单向受力叠合板用底板的编号规则如图 1.1.3 所示,其中底板宽度及跨度见表 1-3 所示,跨度方向钢筋代号见表 1-4。

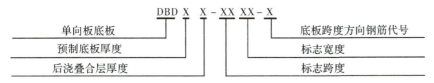

图 1.1.3 单向受力叠合板用底板编号规则

表 1-3　单向板底板宽度及跨度表

宽度	标志宽度/mm	1200	1500	1800	2000	2400
	实际宽度/mm	1200	1500	1800	2000	2400
跨度	标志跨度/mm	2700	3000	3300	3600	3900	4200
	实际跨度/mm	2520	2820	3120	3420	3720	4020

表 1-4　单向板跨度方向钢筋代号

代号	1	2	3	4
受力钢筋规格及间距	$\Phi 8@200$	$\Phi 8@150$	$\Phi 10@200$	$\Phi 10@150$
分布钢筋规格及间距	$\Phi 6@200$	$\Phi 6@200$	$\Phi 6@200$	$\Phi 6@200$

例如,底板编号 DBD67-3620-2,表示单向受力叠合板用底板,预制底板厚度为 60 mm,后浇叠合层厚度为 70 mm,预制底板的标志跨度为 3600 mm,预制底板的标志宽度为 2000 mm,底板跨度方向配筋为 $\Phi 8@150$。

任务二　预制混凝土构件——墙施工图识读

预制剪力墙包括预制混凝土剪力墙外墙板和预制混凝土剪力墙内墙板,如图 1.2.1 所示。

(a)预制混凝土剪力墙外墙板(带窗洞)　　(b)预制混凝土剪力墙内墙板

图 1.2.1　预制剪力墙示意图

预制剪力墙可结合建筑功能和结构平立面布置的要求,根据构件的生产、运输和安装能力,确定预制构件形状和大小,宜采用一字形,也可采用 L 形、T 形或 U 形。

1.2.1 预制混凝土剪力墙外墙板的规格、编号与选用方法

预制混凝土剪力墙外墙板分为内叶墙板与外叶墙板。

1. 内叶墙板

内叶墙板的类型有无洞口外墙、一个窗洞外墙（高窗台）、一个窗洞外墙（矮窗台）、两个窗洞外墙、一个门洞外墙，分别按以下规则编号。

1）无洞口外墙

无洞口外墙的编号规则如图1.2.2所示。

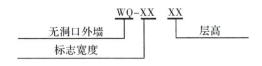

图1.2.2　无洞口外墙的编号规则

2）一个窗洞外墙（高窗台）

一个窗洞外墙（高窗台）的编号规则如图1.2.3所示。

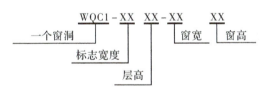

图1.2.3　一个窗洞外墙（高窗台）的编号规则

3）一个窗洞外墙（矮窗台）

一个窗洞外墙（矮窗台）的编号规则如图1.2.4所示。

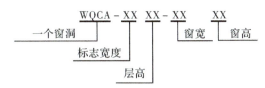

图1.2.4　一个窗洞外墙（矮窗台）的编号规则

4）两个窗洞外墙

两个窗洞外墙的编号规则如图1.2.5所示。

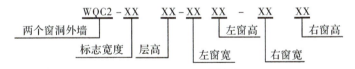

图1.2.5　两个窗洞外墙的编号规则

5) 一个门洞外墙

一个门洞外墙的编号规则如图1.2.6所示。

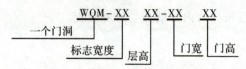

图 1.2.6　一个门洞外墙的编号规则

各种内叶墙板编号示例见表1-5。

表 1-5　各种墙板编号示例

单位：mm

墙板类型	示意图	墙板编号	标志宽度	层高	门/窗宽	门/窗高	门/窗宽	门/窗高
无洞口外墙		WQ-2428	2400	2800	—	—	—	—
一个窗洞外墙（高窗台）		WQC1-3028-1514	3000	2800	1500	1400	—	—
一个窗洞外墙（矮窗台）		WQCA-3029-1517	3000	2900	1500	1700	—	—
两个窗洞外墙		WQC2-4830-0615-1515	4800	3000	600	1500	1500	1500
一个门洞外墙		WQM-3628	3600	2800	1800	2300	—	—

2. 外叶墙板

外叶墙板与内叶墙板对应,分为标准外叶墙板(见图1.2.7(a))和带阳台板外叶墙板(见图1.2.7(b))。标准外叶墙板编号为 WY1 (a、b),按实际情况标注出 a,b,当 a、b 均为290时,仅注写 wy1;带阳台板外叶墙板编号为 WY2 (a,b,C_L 或 C_R,d_L 或 d_R),按外叶墙板实际情况标注 a、C_L 或 C_R、d_L 或 d_R。特别需要注意的是,左右方向是从内向外的方向。

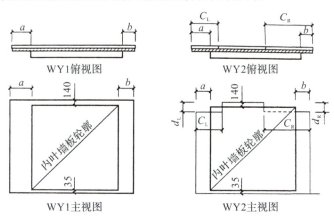

图1.2.7 外叶墙板类型图(内表面视图)

3. 选用方法

选用预制外墙板,首先要确定各参数与图集适用范围要求是否一致,并在施工图中统一说明;然后根据结构平面布置、结构计算分析结果,以及外墙板门窗洞口位置及尺寸、墙板标志宽度及层高,确定预制外墙板内叶墙板、外叶墙板编号;再结合生产施工实际需求,确定预埋件、拉结件。此外,还需结合设备专业图纸,选用电线盒预埋位置,补充预制外墙板中其他设备孔洞及管线。

当房屋开间尺寸与图集预制外墙板标志宽度不同时,可调整后浇段长度来满足选用要求。

1.2.2 预制混凝土剪力墙内墙板的规格、编号与选用方法

1. 规格与编号

预制混凝土剪力墙内墙板的类型主要有无洞口内墙、固定门垛内墙、中间门洞内墙、刀把内墙,分别按以下规则编号。

1) 无洞口内墙

无洞口内墙的编号规则如图1.2.8所示。

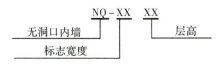

图1.2.8 无洞口内墙的编号规则

2)固定门垛内墙

固定门垛内墙的编号规则如图1.2.9所示。

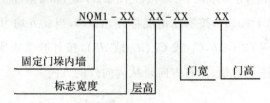

图1.2.9　固定门垛内墙的编号规则

3)中间门洞内墙

中间门洞内墙的编号规则如图1.2.10所示。

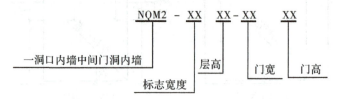

图1.2.10　中间门洞内墙的编号规则

4)刀把内墙

刀把内墙的编号规则如图1.2.11所示。

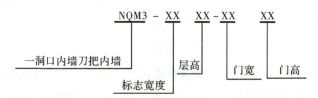

图1.2.11　刀把内墙的编号规则

各种内墙板编号示例见表1-6。

表1-6　内墙板编号示例

单位:mm

墙板类型	示意图	墙板编号	标志宽度	层高	门宽	门高
无洞口内墙		NQ-2128	2100	2800	—	—

续表 1-6

墙板类型	示意图	墙板编号	标志宽度	层高	门宽	门高
固定门垛内墙		NQM1-3028-0921	3000	2800	900	2100
中间门洞内墙		NQM2-3029-1022	3000	2900	1000	2200
刀把内墙		NQM3-3330-1022	3300	3000	1000	2200

2.选用方法

内墙板分段自由，根据具体工程中的户型布置和墙段长度，结合图集中的墙板类型和尺寸，将内墙板分段，通过调整后浇段长度，预制构件均能够直接选用标准墙板。具体工程设计若与图集中的墙板模板、配筋相差较大，可参考图集中相关构件详图，重新进行构件设计。

预制内墙板与预制外墙板的选用方法基本一致，首先要确定各参数与图集适用范围要求是否一致，并在施工图中统一说明；然后根据结构平面布置、结构计算分析结果，以及内墙板门窗洞口位置及尺寸、墙板标志宽度及层高，确定预制内墙板编号；再结合生产施工实际需求，确定预埋件、拉结件；此外，还需结合设备专业图纸，选用电线盒预埋位置，补充预制内墙板中其他设备孔洞及管线。当房屋尺寸与图集预制内墙板标志宽度不同时，可局部调整后浇段后选用。

任务三 预制混凝土构件——楼梯施工图识读

装配整体式混凝土结构住宅建筑常采用预制钢筋混凝土板式楼梯，包括多层住宅的双跑楼梯和高层住宅的剪刀楼梯，如图1.3.1所示。预制钢筋混凝土板式楼梯的梯段板在吊装、运输及安装过程中，受力状况比较复杂，其板面宜配置通长钢筋，钢筋量可根据加工、运输、吊装过程中的承载力及裂缝控制验算结果确定，最小构造配筋率可参照楼板的相关规定。当楼梯两端均不能滑动时，在侧向力作用下楼梯会起到斜撑的作用，楼梯中会产生轴向拉力，因此规定其板面和板底均应配通长钢筋。在预制楼梯的两侧需配置加强钢筋，同样也是考虑到楼梯在加工、运输、吊装过程中的承载力。此外，预制楼梯的构造还包括上下端销键、吊装预埋件（板侧和板面）、栏杆预埋件（板面或板侧）、预留洞等。

图 1.3.1　预制混凝土板式楼梯示意图

1.3.1　预制楼梯的规格

《预制钢筋混凝土板式楼梯》(15G367－1)中的板式楼梯适用于环境类别为一类，非抗震设计和抗震设防烈度为6～8度地区的多、高层剪力墙结构体系的住宅，楼梯梯段板为预制混凝土构件，平台梁、板可采用现浇混凝土。其他类型的建筑可参考选用。

预制楼梯包括双跑楼梯和剪刀楼梯。预制楼梯的建筑层高为 2.8 m、2.9 m 和 3.0 m；对应楼梯间净宽，双跑楼梯为 2.4 m、2.5 m，剪刀楼梯为 2.5 m、2.6 m；楼梯入户处建筑面层厚度为 50 mm，楼梯平台板处建筑面层厚度 30 mm。剪刀楼梯中隔墙的做法需另行设计。

梯段板混凝土强度等级为C30，钢筋采用 HRB400，安全等级为二级，设计使用年限为 50 年。图集中的预制钢筋混凝土板式楼梯梯段板对应施工阶段活荷载为 $1.5\ kN/m^2$，正常使用阶段活荷载为 $3.5\ kN/m^2$，栏杆顶部的水平荷载为 $1.0\ kN/m$。其他施工阶段验算参数及制作、施工要求详见图集总说明。

1.3.2　编号规则

预制钢筋混凝土板式楼梯按图 1.3.2 所示规则编号。

(a)双跑楼梯　　　　　　　　　　　(b)剪刀楼梯

图 1.3.2　预制钢筋混凝土板式楼梯编号规则

例如,ST-30-25表示双跑楼梯,建筑层高3.0 m、楼梯间净宽2.5 m所对应的预制钢筋混凝土板式双跑楼梯梯段板;JT-28-25表示剪刀楼梯,建筑层高2.8 m、楼梯间净宽2.5 m所对应的预制钢筋混凝土板式剪刀楼梯梯段板。

1.3.3 选用方法

预制钢筋混凝土板式楼梯的选用,首先应确定各参数与图集选用范围要求是否保持一致,混凝土强度等级、建筑面层厚度等参数需在施工图中统一说明;然后根据楼梯间净宽、建筑层高,确定预制楼梯编号并核对预制楼梯的结构计算结果;选用预埋件,并根据工程实际增加其他预埋件(预埋件可参考图集中的样式);再根据图集中给出的重量及吊点位置,结合构件生产单位、施工安装要求选用吊件类型及尺寸;最后补充预制楼梯相关制作施工要求。若单体设计与图集中楼梯类型、配筋相差较大,可参考图集中梯板类型相关构造重新进行设计。

1.3.4 预埋件、预留孔、洞及预埋套管的表示方法

1. 预埋件

(1)在混凝土构件上设置预埋件时,可按图1.3.3的规定在平面图或立面图上表示。引出线指向预埋件,并标注预埋件的代号。

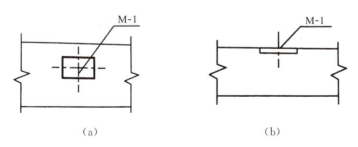

图1.3.3 预埋件的表示方法

(2)在混凝土构件的正、反面同一位置均设置相同的预埋件时,可按图1.3.4的规定,引出线为一条实线和一条虚线并指向预埋件,同时在引出横线上标注预埋件的数量及代号。

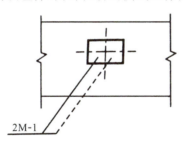

图1.3.4 同一位置正、反面预埋件相同的表示方法

(3)在混凝土构件同一位置的正、反面设置编号不同的预埋件时,可按图1.3.5的规定引一条实线和一条虚线并指向预埋件。引出横线上标注正面预埋件代号,引出横线下标注反面预埋件代号。

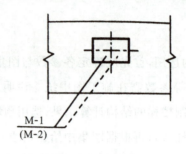

图1.3.5 同一位置正、反面预埋件不同的表示方法

2.预留孔、洞及预埋套管

在构件上设置预留孔、洞或预埋套管时,可按图1.3.6的规定在平面或立面图中用引出线指向预留(埋)位置,引出横线上方标注预留孔、洞的尺寸和预埋套管的外径,横线下方标注孔、洞(套管)的中心标高或底标高。

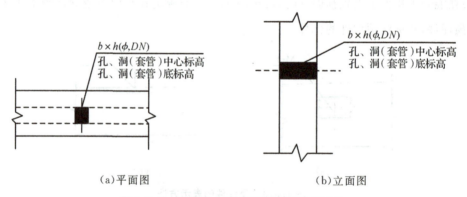

图1.3.6 预留孔、洞及预埋套管的表示方法

课后题

一、选择题

1.在预制混凝土剪力墙平面布置图中,外墙板以(　　)为装配方向,不需要特殊标注。

  A.外侧　　　　　B.内侧　　　　　C.上方　　　　　D.下方

2.预制外墙板的代号为(　　)。

  A.WQ　　　　　B.WQCA　　　　C.YWQ　　　　　D.YNQ

3.预制内墙板的代号为(　　)。

  A.WQ　　　　　B.WQCA　　　　C.YWQ　　　　　D.YNQ

4. 编号为 WQ-2428 的内叶墙板,其含义为( )。
   A. 预制内叶墙板类型为无洞口外墙,标志宽度 2400 mm,层高 2800 mm。
   B. 预制内叶墙板类型为无洞口外墙,层高 2400 mm,标志宽度 2800 mm。
   C. 预制内叶墙板类型为一个窗洞高窗台外墙,标志宽度 2400 mm,层高 2800 mm。
   D. 预制内叶墙板类型为一个窗洞矮窗台外墙,标志宽度 2400 mm,层高 2800 mm。

5. 编号为 WQC1-3028-1514 的内叶墙板,其含义为( )。
   A. 预制内叶墙板类型为一个窗洞矮窗台外墙,标志宽度 3000 mm,层高 2800 mm,窗宽 1500 mm,窗高 1400 mm。
   B. 预制内叶墙板类型为一个窗洞高窗台外墙,标志宽度 3000 mm,层高 2800 mm,窗宽 1500 mm,窗高 1400 mm。
   C. 预制内叶墙板类型为一个窗洞高窗台外墙,层高 3000 mm,标志宽度 2800 mm,窗宽 1500 mm,窗高 1400 mm。
   D. 预制内叶墙板类型为一个窗洞高窗台外墙,标志宽度 3000 mm,层高 2800 mm,窗高 1500 mm,窗宽 1400 mm。

6. 编号为 WQCA-3029-1517 的内叶墙板,其含义为( )。
   A. 预制内叶墙板类型为一个窗洞高窗台外墙,标志宽度 3000 mm,层高 2900 mm,窗宽 1500 mm,窗高 1700 mm。
   B. 预制内叶墙板类型为一个窗洞矮窗台外墙,层高 3000 mm,标志宽度 2900 mm,窗宽 1500 mm,窗高 1700 mm。
   C. 预制内叶墙板类型为一个窗洞矮窗台外墙,标志宽度 3000 mm,层高 2900 mm,窗宽 1500 mm,窗高 1700 mm。
   D. 预制内叶墙板类型为一个窗洞矮窗台外墙,标志宽度 3000 mm,层高 2900 mm,窗高 1500 mm,窗宽 1700 mm。

7. 编号为 WQC2-4830-0615-1515 的内叶墙板,其含义为( )。
   A. 预制内叶墙板类型为两个窗洞外墙,层高 4800 mm,标志宽度 3000 mm,其中一窗宽 600 mm,窗高 1500 mm,另一窗宽 1500 mm,窗高 1500 mm。
   B. 预制内叶墙板类型为两个窗洞外墙,标志宽度 4800 mm,层高 3000 mm,其中一窗高 600 mm,窗宽 1500 mm,另一窗宽 1500 mm,窗高 1500 mm。
   C. 预制内叶墙板类型为两个窗洞外墙,层高 4800 mm,标志宽度 3000 mm,其中一窗高 600 mm,窗宽 1500 mm,另一窗宽 1500 mm,窗高 1500 mm。
   D. 预制内叶墙板类型为两个窗洞外墙,标志宽度 4800 mm,层高 3000 mm,其中一窗宽 600 mm,窗高 1500 mm,另一窗宽 1500 mm,窗高 1500 mm。

8. 编号为 WQM-3628-1823 的内叶墙板,其含义为(　　)。

　　A. 预制内叶墙板类型为一个门洞外墙,标志宽度 3600 mm,层高 2800 mm,门宽 1800 mm,门高 2300 mm。

　　B. 预制内叶墙板类型为一个门洞外墙,层高 3600 mm,标志宽度 2800 mm,门宽 1800 mm,门高 2300 mm。

　　C. 预制内叶墙板类型为一个门洞外墙,标志宽度 3600 mm,层高 2800 mm,门高 1800 mm,门宽 2300 mm。

　　D. 预制内叶墙板类型为一个窗洞外墙,标志宽度 3600 mm,层高 2800 mm,窗宽 1800 mm,窗高 2300 mm。

9. 编号为 NQ-2128 的内墙板,其含义为(　　)。

　　A. 预制内墙板类型为无洞口内墙,标志宽度 2100 mm,层高 2800 mm。

　　B. 预制内墙板类型为无洞口内墙,层高 2100 mm,标志宽度 2800 mm。

　　C. 预制内墙板类型为固定门垛内墙,标志宽度 2100 mm,层高 2800 mm。

　　D. 预制内墙板类型为中间门洞内墙,标志宽度 2100 mm,层高 2800 mm。

10. 编号为 NQM1-3028-0921 的内墙板,其含义为(　　)。

　　A. 预制内墙板类型为固定门垛内墙,层高 3000 mm,标志宽度 2800 mm,门宽 900 mm,门高 2100 mm。

　　B. 预制内墙板类型为固定门垛内墙,标志宽度 3000 mm,层高 2800 mm,门宽 900 mm,门高 2100 mm。

　　C. 预制内墙板类型为固定门垛内墙,标志宽度 3000 mm,层高 2800 mm,门高 900 mm,门宽 2100 mm。

　　D. 预制内墙板类型为中间门洞内墙,标志宽度 3000 mm,层高 2800 mm,门宽 900 mm,门高 2100 mm。

项目二 模具准备与安装

思政小课堂

敬业。敬业是从业者基于对职业的敬畏和热爱而产生的一种全身心投入、认认真真、尽职尽责的职业精神状态。中华民族历来有"敬业乐群""忠于职守"的传统,敬业是中国人的传统美德,也是当今社会主义核心价值观的基本要求之一。早在春秋时期,孔子就主张人在一生中始终要"执事敬""事思敬""修己以敬"。"执事敬",是指行事要严肃认真不怠慢;"事思敬",是指临事要专心致志不懈怠;"修己以敬",是指加强自身修养,保持恭敬谦逊的态度。

任务描述

构件生产厂技术员赵某接到某工程预制混凝土剪力墙外墙板生产的模具准备与安装任务,其中标准层是一块带一个窗洞的矮窗台外墙板,选用了标准图集 15G365-1《预制混凝土剪力墙外墙板》中编号为 WQCA-3028-1516 的外墙板模板图。该外墙板所属工程的结构及环境特点如下:

该工程为政府保障性住房,位于××西侧,××北侧,××南侧,××东侧。工程采用装配整体式混凝土剪力墙结构体系,预制构件包括:预制夹心外墙、预制内墙、预制叠合楼板、预制楼梯、预制阳台板及预制空调板。该工程地上 11 层,地下 1 层,标准层层高 2.8 m,抗震设防烈度 7 度,结构抗震等级三级。外墙板按环境类别一类设计,厚度为 200 mm,建筑面层为 50 mm,采用混凝土强度等级为 C30,坍落度要求 35~50 mm。

模具准备与安装的主要内容是完成模台准备、画线、脱膜剂喷涂、模具摆放与校正、保温材料准备等工序。技术员赵某现需要完成外墙板 WQC1-3329-1514 模具的准备与安装工作,其外墙板模板示意图如图 2.0.1 所示。

学习方法

抓核心:遵循"熟练识图 → 精准施工 → 质量管控 → 组织验收"知识链。

重实操:不仅要有必需的理论知识,更要有较强的操作技能,认真完成配备的实训内容,多去实训基地观察、动手操作,提高自己解决问题的能力。

举一反三：在掌握基本知识的基础上，不断总结，举一反三、以不变应万变，真正掌握模具组装工艺流程及组装要点。

知识目标

掌握预制混凝土墙、板、楼梯模具设计要求；
掌握预制混凝土墙、板、楼梯模具安装工艺流程。

能力目标

能组装预制混凝土墙、板、楼梯模具；
能检查与验收预制混凝土墙、板、楼梯模具。

能力目标

认真负责，团结合作，维护集体的荣誉和利益；
努力学习专业技术知识，不断提高专业技能；
遵纪守法，具有良好的职业道德；
严格执行建设行业有关标准、规范、规程和制度。

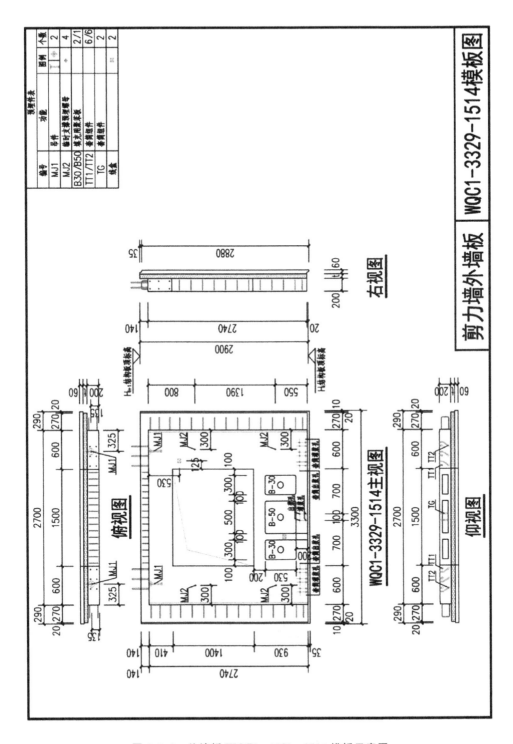

图 2.0.1 外墙板 WQC1-3329-1514 模板示意图

任务一　模具分类

模具对装配式混凝土结构构件质量、生产周期和成本影响很大,是预制构件生产中非常重要的环节。科学地对模具进行分类,对有计划地发展模具工业,高质量地实现专业化生产具有重要的意义。模具的分类方法很多,常用的有以下几种。

2.1.1　按生产工艺分类

模具按生产工艺分类,有以下几种。

(1)生产线流转模台(见图2.1.1、图2.1.2)与生产线叠合板边模(见图2.1.3)。

图 2.1.1　生产线流转模台

图 2.1.2　流转模台

图 2.1.3　生产线叠合板边模

(2)固定模台(见图2.1.4)与构件模具(见图2.1.5)。

图 2.1.4　固定模台

图 2.1.5　固定模台上的构件模具

(3)独立模具,如楼梯立模模具(见图 2.1.6)、楼梯平模模具(见图 2.1.7)、预制阳台模具(见图 2.1.8)。

图 2.1.6　楼梯立模模具

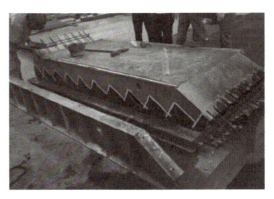

图 2.1.7　楼梯平模模具

图 2.1.8　预制阳台模具

(4)预应力台模与边模(见图2.1.9)。

图 2.1.9 预应力台座、模具

2.1.2 按材质分类

模具按材质分类,有钢材、铝材、混凝土、超高性能混凝土、GRC、玻璃钢、塑料、硅胶、橡胶、木材、聚苯乙烯、石膏模具和以上材质组合的模具,其各自的适用范围见表2-1。

表 2-1 不同材质模具适用范围表

模具材质	流水线工艺		固定模台工艺					立模工艺		预应力工艺		表面质感	优劣分析
	流转模台	板边模	固定模台	板边模	柱模	梁模	异形构件	板面	边模	模台	边模		
钢材	△	△	△	△	△	△	△	△	△	△	△	△	不变形,周转次数多,精度高;成本高,加工周期长,重量重
磁性边模		△											灵活,方便组模脱模,适应自动化;造价高,磁性易衰减
铝材		△		△	△	△	△	△			△		重量轻,表面精度高;加工周期长,易损坏
混凝土			△	△					△				价格便宜,制作方便;不适合复杂构件,重量重
超高性能混凝土			△	△					△				价格便宜,制作方便;适合复杂构件,重量轻
GRC			△	△	△	△	△	△	△				价格便宜,制作方便;适合复杂构件,重量轻

续表 2-1

模具材质	流水线工艺		固定模台工艺					立模工艺		预应力工艺		表面质感	优劣分析
	流转模台	板边模	固定模台	板边模	柱模	梁模	异形构件	板面	边模	模台	边模		
塑料									○				光洁度高,周转次数高;不易拼接,加工性差
玻璃钢							○	○				○	可实现比钢模复杂的造型,脱模容易,价格便宜;周转次数低,承载力不够
硅胶												○	可以实现丰富的质感及造型,易脱模;价格昂贵,周转次数低,易损坏
木材		○	○		○	○	○			○	○		加工快捷,精度高;不能实现复杂造型和质感,周转次数低
聚苯乙烯												○	加工方便,脱模容易;周转次数低,易损坏
石膏												○	一次性使用

注:△—正常周转次数;○—较少或一次性周转次数。

2.1.3 按构件类别分类

模具按构件分类,有柱、梁、柱梁组合、柱板组合、梁板组合、楼板、剪力墙外墙板、剪力墙内墙板、内隔墙板、外挂墙板、转角墙板、楼梯、阳台、飘窗、空调台、挑檐板等。

2.1.4 按构件是否出筋分类

模具按构件是否出筋分类,有不出筋模具(即封闭模具)、出筋模具(即半封闭模具)。
出筋模具包括一面出筋、两面出筋、三面出筋、四面出筋和五面出筋模具。

2.1.5 按构件是否有装饰面层分类

模具按构件是否有装饰面层分类,有无装饰面层模具、有装饰面层模具。
有装饰面层模具包括反打石材、反打墙砖和水泥基装饰面层一体化模具。

2.1.6 按构件是否有保温层分类

模具按构件是否有保温层分类,有无保温层模具、有保温层模具。

2.1.7　按模具周转次数分类

模具按模具周转次数分类,有长期模具(永久性,如模台等),正常周转次数模具(50~200次),较少周转次数模具(2~50次),一次性模具。

▶ 任务二　模具及模具材料

2.2.1　模具材料

常用模具材料有以下几种。

1.钢材

钢材是预制构件模具用得最多的材料,这些模具包括钢板、型钢、定位销、堵孔塞、磁性边模等。

模具最常用的是6~10 mm厚的钢板,由于模具对变形及表面光洁度要求较高,与混凝土接触面的钢板不宜用卷板,应当用开平板。

2.铝材

铝材多用于板的边模、立模等(见图2.2.1)。

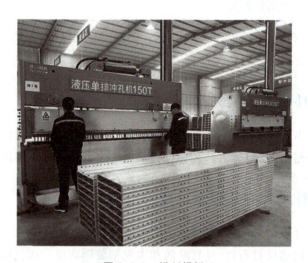

图2.2.1　铝制模板

对于一些不出筋的墙板或者叠合楼板可以选择铝合金模板,其重量轻、组模方便,可以减少起重机使用频率。使用铝合金模具需要专业生产铝合金模板的厂家根据产品图样定做模具。

铝合金材质采用6061-T6铝合金型材,型材化学成分、力学性能应符合国家标准《变形铝及铝合金化学成分》(GB/T 3190—2008)、《一般工业用铝及铝合金挤压型材》(GB/T 6892—2015)的规定。

铝合金型材表面采用阳极氧化处理,并应符合《铝合金建筑型材》(GB/T 5237—2004)的要求。

3. 水泥基材料

水泥基材料包括钢筋混凝土、超高性能混凝土、GRC等,具有制作周期短、造价低的特点,可以大幅度降低模具成本,特别适合周转次数不多或造型复杂的构件。

1)钢筋混凝土

混凝土强度等级C25或C30,厚度100~150 mm。混凝土模具须做成自身具有稳定性的形体。

2)超高性能混凝土

模具用超高性能混凝土由水泥、硅灰、石英砂、外加剂和钢纤维复合而成,抗压强度大于C60,抗弯强度不小于18 MPa,厚度10~20 mm,可做成薄壁形模具。超高性能混凝土可与角钢合用制作模具。

3)GRC

GRC(glass fiber reinforced concrete)即玻璃纤维增强混凝土,抗压强度大于C40,抗弯强度不小于18 MPa,厚度10~20 mm,可做成薄壁形模具。GRC可与角钢合用制作模具。

4. 硅胶、橡胶

硅胶、橡胶多用在底模上,生产外表面有造型或者有图案的产品。硅胶、橡胶模具由专业厂家根据图样定做,选用无收缩、耐高温模具专用硅、橡胶。

5. 木材

木材用于周转次数少、不进行蒸汽养护的模具,或者是窗洞口部位的模具制作。一般使用2~3次就要更换木材。常用木材有实木板、胶合板、细木工板、竹胶板等。木板模具应做防水处理,如刷清漆、树脂等。

6. 一次性模具材料

聚苯乙烯、石膏适用于复杂质感、可以利用计算机数控机床加工质感、表面做处理的模具。聚苯乙烯一般用于一次性模具,要满足质感和造型的要求,同时也要有一定的强度(要求密度在30 kg/m³以上),并符合《绝热用挤塑聚苯乙烯泡沫塑料XPS》(GB/T 10801.2—2002)的要求。石膏要求模用高强度石膏粉,符合《陶瓷模用石膏粉》(QB/T 1639—2014)的要求。

2.2.2 模具相关材料

1. 定位销

定位销主要作用是在模具组装时快速将模具定位,定位完成后用螺栓将模具各分部组成一个整体。定位销材料为强度等级高于模板的钢材,一般采用8.8级。

2. 堵孔塞

堵孔塞是用来修补模台或模板上因工艺或模具组装而打的孔洞,用堵孔塞封堵后可以还原模板的表面。常用材料有两种:一种是钢制堵孔塞,另一种是塑料堵孔塞。塑料堵孔塞用不同的颜色来区分不同的直径大小,方便操作工人取用(见图2.2.1)。

图 2.2.1 塑料堵孔塞

3. 磁性边模

磁性边模可用于自动化流水线。磁性边模(见图2.2.2、图2.2.3)由3 mm的钢板制作完成,包含两个磁铁系统,每个磁铁系统内镶嵌磁块,充有4～12 kN的磁力,分为叠合楼板磁性边模和墙板磁性边模。

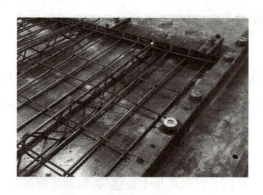

图 2.2.2 叠合楼板磁性边模

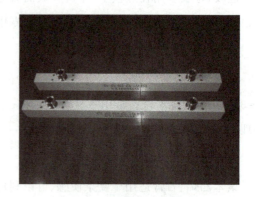

图 2.2.3 墙板磁性边模

采用磁力盒固定的边模,模具组装就位后开启磁力开关,通过磁力作用边模与底模紧密连接,如图2.2.4所示。

图 2.2.4　磁力盒固定边模

磁力盒固定方式的边模,在模具设计和制作时需注意:

(1)验算混凝土侧向压力后,选择合适的磁力盒规格和间距布置。

(2)磁力盒与边模造型相配套。

4.连接材料

(1)钢模具各部分主要是采用螺栓连接,在模具加强板上打孔绞丝,通过螺栓直接连接。常用连接螺栓有 M8~M20,长度一般有 25 mm、30 mm、35 mm、40 mm 等,根据设计需要选用。强度等级建议采用 8.8 级高强度螺栓。

(2)木模具可采用螺栓、自攻螺钉或钢钉连接,在木板端部附加木方以连接固定木板。

(3)玻璃钢模具和铝材模具采用对拉螺栓连接,在需要连接的部位钻孔,然后用螺栓连接。

(4)边模与模台的连接方式有两种,一种是磁性边模通过内置磁块连接;另一种是在模台上打孔绞丝,通过螺栓连接。

(5)模具连接节点间距应控制在合理范围,一般在 300~450 mm,间距太远,模具连接有缝,容易跑浆;间距太密,一方面是成本高,另一方面是组卸不方便。

(6)有些独立模具可通过活页和卡口来连接,提高脱模与组装效率。

2.2.3　主要模具介绍

2.2.3.1　流水线工艺配套模具

1.流转模台

流转模台由 U 形钢和钢板焊接组成,焊接设计应考虑模具在生产线上的振动。欧洲的模台表面经过研磨抛光处理,表面光洁度和表面平整度都能达到较高水平。模台涂油质类涂料防止生锈。

2.流水线边模

自动化程度高的流水线边模采用磁性边模,自动化程度低的流水线采用螺栓固定边模。磁性边模由 3 mm 钢板制作。

1)磁性边模

预制混凝土磁性边模由模板钢条和内嵌的磁性吸盘系统组成,钢模可以做成各种不同的尺寸,以适用于不同的混凝土构件边模。磁性边模非常适合全自动化作业,由自动控制的机械手组模,但对于边侧出筋较多且没有规律性的楼板与剪力墙板,应用磁性边模目前还有难度。

2)螺栓固定边模

螺栓固定边模是将边模与流转模台用螺栓固定在一起,这与固定模台边模的固定方法一样。

2.2.3.2 固定台式工艺模具

固定台式工艺的模具包括固定模台、各种构件的边模和内模。固定模台作为构件的底模,边模为构件侧边和端部模具,内模为构件内的内肋或飘窗的模具。

1. 固定模台

固定模台由工字钢与钢板焊接而成,边模通过螺栓与固定模台连接,内模通过模具架与固定模台连接。

国内固定模台一般不经过研磨抛光,表面光洁度就是钢板出厂光洁度,平整度一般控制在 2 m±2 mm 的误差。

2. 固定模台边模

固定模台的边模有柱、梁构件边模和板式构件边模。柱、梁构件边模高度较高,板式构件边模高度较低。

柱、梁构件边模由边模和固定模台组合而成,模台为底面模具,边模为构件侧边和端部模具。柱、梁构件边模一般用钢板制作,也有用钢板与型钢制作;没有出筋的边模也可用混凝土或超高性能混凝土制作。当边模高度较高时,宜用三角支架边模。

板式构件边模可由钢板、型钢、铝合金型材、混凝土等制作。最常用的边模为钢结构边模。

2.2.3.3 独立模具

独立模具是指不用固定模台也不用在流水线上的模具,其特点是模具自身包括 5 个面,"自带"底板模,如图 2.2.5 所示的阳台模具就属于独立模具的一种。

图 2.2.5 阳台模具

之所以要设计独立模具,主要是因为构件本身有特殊要求。如柱子的4个立面因装饰性需要都要具有一样光洁度的模具面,而不能有抹光面,就必须用独立立模;再如有些构件造型复杂,在固定模台上组模反而麻烦,就不如用独立模具。

独立模具包括以下几种:

(1)立式柱。

(2)楼梯应用立模较多,自带底板模。楼梯立模一般为钢结构,也可以做成混凝土模具。

(3)梁的U形模具。带有角度的梁可以将侧板与底板做成一体,形成U形模具。

(4)带底板模的柱子模具。

(5)造型复杂的构件如半圆柱、V形墙板等的模具。

(6)剪力墙独立立模。

2.2.3.4 预应力构件模具

预应力PC楼板在长线台座上制作,钢制台座为底模,钢制边模通过螺栓与台座固定。板肋模具即内模也是钢制,用龙门架固定。

预应力楼板为定型产品,模具在工艺设计和生产线制作时就已经定型,构件制作过程不需要再进行模具设计。

2.2.4 模具设计、制作要求

模具设计要考虑确保构件的质量、作业的便利性与经济性,合理选用模具材料,以标准化设计、组合式拼装、通用化使用为目标,尽可能减轻模具重量,方便人工组装、清扫。以下是模具设计的具体要求。

(1)模具应具有足够的强度、刚度和整体稳固性。

(2)模具应装拆方便,并应满足预制构件质量、生产工艺和周转次数等要求。

(3)结构造型复杂、外观有特殊要求的模具应制作样板,经检验合格后方可批量制作。

(4)模具各部件之间应连接牢固,接键应紧密,附带的预埋件或工装应定位准确,安装牢固。

(5)用作底模的台座、胎模、地坪及铺设的底板应平整光洁,不得有下沉、裂缝、起砂和起鼓。

(6)模具应便于清理和涂刷脱模剂、表面缓凝剂。

(7)有可靠的预埋件和预留孔洞定位措施。

(8)预应力构件的模具应根据设计要求预设反拱。

(9)形状与尺寸准确,模具尺寸允许误差符合要求。

(10)考虑到模具在混凝土浇筑振捣过程中会有一定程度的胀模现象,因此模具尺寸一般比构件尺寸小1~2 mm。

(11)模具与平模台间的螺栓、定位销、磁盒等固定方式应可靠,防止混凝土振捣时造成模具偏移和漏浆。

(12)设计出模具各片的连接方式,边模与固定平台的连接方式等。连接可靠,整体性好。

(13)模具尽可能构造简单,装拆方便,脱模时不损坏构件,模具内转角处应平滑。

(14)立模和较高的模具有可靠的稳定性。

(15)便于安置钢筋、预埋件,便于混凝土入模。

(16)出筋定位准确,不漏浆。

(17)给出模具定位线。以中心线定位,而不是以边线(界面)定位。制作模具时按照定位线放线,特别是固定套筒、孔眼、预埋件的辅助设施,需要以中心线定位控制误差。

(18)构件表面有质感要求时,模具的质感应符合设计要求,清晰逼真。

(19)模具表面不吸水。

(20)便于运输和吊运。较重模具应设置吊点,便于组装。

(21)模具分缝需考虑接缝的痕迹对构件表面的艺术效果影响最小。

(22)生产线、流水线和自动化生产线上的边模及其附加固定装置的高度应小于生产线允许的高度。

▶ 任务三　模具组装、固定

2.3.1　模具组装操作规程

构件在日常生产过程中,需对模具进行组装和检查,只有规范地执行操作规程,才能保证模具的质量。

(1)依照图纸尺寸在模台上绘制出模具的边线(见图2.3.1),仅制作首件时采用。

图2.3.1　绘制出模具的边线

(2)在已清洁的模具的拼装部位粘贴密封条,防止漏浆。

(3)在模台与混凝土接触的表面均匀喷涂脱模剂,擦至面干(见图2.3.2)。

图 2.3.2 擦脱模剂

预制混凝土构件在钢筋骨架入模前,应在模具表面均匀涂抹脱模剂。涂刷脱模剂有自动涂刷和人工涂刷两种方法。

自动涂刷:流水线上配有自动喷涂脱模剂设备,模台运转到该工位后,设备启动开始喷涂脱模剂,设备上有多个喷嘴保证模台每个地方都能均匀喷到,模台离开设备工作面后设备自动关闭。喷涂设备上适用的脱模剂为水性或者油性,不适合蜡质。

人工涂刷:人工涂刷脱模剂要使用干净的抹布或海绵,涂抹均匀后模具表面不允许有明显的痕迹、堆积、漏涂等现象。

不论采用哪种涂刷脱模剂的方法,均应按下列要求严格控制操作:①应选用不影响构件结构性能和装饰工程施工的隔离剂。②应选用对环境和构件表面没有污染的脱模剂。③涂刷脱模剂前模具应清理干净。④带有饰面的构件应在装饰材料入模前涂刷脱模剂,模具与饰面的接触面不得涂刷脱模剂。⑤脱模剂喷涂后不要马上作业,应当等脱模剂成膜以后再进行下一道工序。⑥脱模剂涂刷时应谨慎作业,防止污染到钢筋、预埋件等部件,使其性能受损。

(4)根据图样及模台上绘制出的模具边线定位模具(见图2.3.3),然后在模板及模台上进行打孔、攻丝。普通有加强肋的模板,孔眼间距一般≤500 mm;如果模板没有加强肋,应适当缩小孔眼间距、增加孔眼数量。如模板自带孔眼,模台上的孔眼尺寸应小于模板自带的孔眼尺寸。钻孔方式应先用磁力钻钻孔,然后用丝锥攻丝,一般模板两端使用螺纹孔,中间部位间隔布置定位销孔和螺纹孔,定位销孔不需要攻丝(仅制作首件时采用)。

图 2.3.3 定位模具

(5)按照顺序组装模具:一般平板类预制构件宜先组装外模,再组装内模;阳台、飘窗等宜先组装内模,再组装外模。对于需要先吊入钢筋骨架的预制构件,应严格按照工艺流程在吊入钢筋骨架后再组装模具,最后安装上面埋件的工装,见图 2.3.4。

图 2.3.4 组装模具

模具固定方式应根据预制构件类型确定,异形预制构件或较高大的预制构件,应采用定位销和螺栓固定,螺栓应拧紧;叠合楼板或较薄的平板类预制构件,既可采用螺栓加定位销固定,也可采用磁盒固定(见图 2.3.5)。

图 2.3.5 磁盒固定

(6)钢筋骨架入模前,在模具相应的模板面上涂刷脱模剂或缓凝剂。

当模具面需要形成粗糙面时,构件制作中常用的方法是:在模具面上涂刷缓凝剂,待成型构件脱模后,用压力水冲洗和去除表面没有凝固的灰浆,露出骨料而形成"粗糙面",通常也将这种方式称为"水洗面",如图 2.3.6 所示。

图 2.3.6 粗糙面

为达到较好的粗糙面效果,缓凝剂需结合混凝土配合比、气温及空气湿度等因素适当调整。涂刷缓凝剂还要特别注意:①选用专业厂家生产的粗糙面专用缓凝剂。②按照设计要求的粗糙面部位涂刷。③按照产品使用要求进行涂刷。

(7)对侧边留出箍筋的部位,应采用泡沫棒或专用卡片封堵留出筋伸出孔,防止漏浆,见图 2.3.7。

图 2.3.7 泡沫棒

(8)按要求做好伸出钢筋的定位措施。

(9)模具组装完毕后,依照图样检验模具,及时修正错误部位。

(10)自检无误后报质检员复检。

2.3.2 梁、柱模具组装要点

梁、柱模具组装时应注意以下要点。

(1)梁、柱模具多为跨度较长的模具,组模时应在长边模具中部加装拉杆和支撑,以防止浇筑时模板中部胀模,见图 2.3.8。

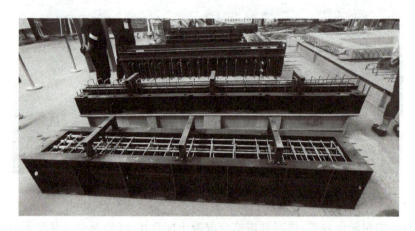

图 2.3.8 梁模中间加拉杆

(2)组装梁模具时,应对照图纸检查两个端模伸出钢筋的位置,防止两个端模装错、装反。

(3)梁伸出钢筋的位置及方向应仔细核对,生产过程中改模一定要封堵好出筋孔,以免误装。

(4)组装柱模具时,应先确认好成型面,避免出错。

(5)应对照图样检查端模套筒位置,以防止端模组装错误。

2.3.3 叠合楼板模具组装要点

叠合楼板模具组装时应注意以下要点。

(1)叠合楼板模具的紧固方式有两种,即磁盒紧固、定位销和螺栓紧固:①磁盒紧固时,应注意磁盒安放的间距合适,以防止出现模具松动、漏浆等现象。②定位销和螺栓紧固时,应注意检查定位销和螺栓是否齐全,以防止出现模具松动、漏浆等现象。

(2)边上有出筋的,应做好出筋位置的防漏浆措施和出筋的定位措施,见图2.3.9。

图 2.3.9 出筋位置漏浆

2.3.4 墙板模具组装要点

墙板模具的组装应注意以下要点。

(1)模具组装时,应依照图样检查各边模的套筒、留出筋、穿墙孔(挂架孔)等的位置,确保模具组装正确。

(2)模具组装完成后,应封堵好出筋孔,做好出筋定位措施。

2.3.5 楼梯模具组装要点

楼梯模具分为两种:立模和平模。楼梯模具的组装应注意以下要点。

(1)组装立模楼梯模具时,应注意密封条的粘贴与模具的紧固情况,以防止出现漏浆等现象。

(2)楼梯立模安装时应检查模具安装后的垂直度;封模前还要检查钢筋保护层厚度是否满足设计要求。

(3) 组装平模楼梯模具时，应注意检查螺栓是否齐全，以防止出现模具松动、漏浆等现象，特别是两端出筋部位要做好防漏浆措施。

(4) 平模安装时要检查模具是否有扭曲变形。

2.3.6 高大立模组装要点

柱、柱梁一体化等预制构件竖立浇筑时须采用高大立模（一般指高度超过 2.5 m 的模具）。高大立模的组装应注意以下要点。

(1) 模具组装前，应搭设好操作平台。

(2) 注意密封条的粘贴与模具的紧固情况，防止出现漏浆等现象。

(3) 要检查并控制好模具的垂直度。

(4) 做好支撑，一方面用以调整模具整体的垂直度，另一方面保证作业人员和模具的安全，防止倾倒。

2.3.7 模具检查

模具进厂时，应对模具所有部件进行验收；模具安装、定位后应做好检查验收。模具安装后的检查内容及要求如下。

(1) 模具应具有足够的刚度、强度和稳定性，模具尺寸误差的检验标准和检验方法应符合表 2-2 的要求。

表 2-2 预制构件模具尺寸允许偏差和检验方法

项次	检验项目及内容		允许偏差/mm	检验方法
1	长度	≤6 m	1，-2	用尺测量平行构件高度方向，取其中偏差绝对值较大处
		>6 m 且≤12 m	2，-4	
		>12 m	3，-5	
2	宽度、高（厚）度	墙板	1，-2	用尺测量两端或中部，取其中偏差绝对值较大处
3		其他构件	2，-4	
4	对角线差		3	用尺测量对角线
5	侧向弯曲		L/1500 且≤5	拉线，用钢尺测量侧向弯曲最大处
6	翘曲		L/1500	对角拉线测量交点间距离值的 2 倍
7	底模表面平整度		2	用 2 m 靠尺和塞尺测量
8	组装缝隙		1	用塞片或塞片测量，取最大值
9	端模与侧模高低差		1	用钢尺测量

(2)模具各拼缝部位应无明显缝隙,安装牢固,螺栓和定位销无遗漏,磁盒间距符合要求。

(3)模具上须安装的预埋件、套筒等应齐全无缺漏,品种、规格应符合要求。

(4)模具上擦涂的脱模剂、缓凝剂应无堆积、无漏涂或错涂。

(5)模具上的预留孔、出筋孔、不用的螺栓孔等部位应做好防漏浆措施。

(6)模具薄弱部位应有加强措施,防止浇筑过程中发生变形。

(7)要求内凹的预埋件上口应加垫龙眼,线盒应采用志模和盖板固定。

(8)工装架、定位板等应位置正确,安装牢固。

任务四 预制构件脱模剂、缓凝剂涂刷

为便于预制构件脱模,以及脱模后成型表面达到预定的要求,通常会在模具表面涂刷脱模剂,或在需要做成粗糙面的模具面涂刷缓凝剂。本任务介绍脱模剂涂刷、缓凝剂涂刷的相关方法及要求。

2.4.1 脱模剂涂刷

脱模剂的作用是使预制构件易于脱模,并确保预制构件与模板的接触面光洁美观。

1. 脱模剂种类

脱模剂有很多种,用于混凝土预制构件的脱模剂通常包括水性脱模剂和油性脱模剂。

(1)水性脱模剂:水性脱模剂是由有机高分子材料研制而成的,易溶于水,兑水后,涂刷于模板上会形成一层光洁的隔离膜,该隔离膜能完全阻止混凝土与模板的直接接触,并有助于混凝土浇筑时混凝土与模板接触处的气泡迅速溢出,减少预制构件表面的气孔。水性脱模剂为绿色产品,使用后不影响混凝土的强度,对钢筋无腐蚀作用,无毒、无害。

(2)油性脱模剂:油性脱模剂常用机油或工业废机油、水、乳化剂等混合而成,其黏性及稠度高,混凝土气泡不容易溢出,易造成拆模后预制构件表面出现气孔,并且严重影响后续表面抹灰砂浆与混凝土基层的黏结力,所以在预制构件生产中的使用已逐渐减少。

本任务将以水性脱模剂为例来介绍预制构件生产过程中脱模剂涂刷的相关要求及方法。

2. 水性脱模剂的稀释

常见的水性脱模剂多为浓缩液,颜色呈黄色或淡黄色,使用前应加水稀释。根据不同的品牌及浓度,稀释比例为1:2(1份脱模剂、2份水)~1:20(1份脱模剂、20份水),甚至更大,具体应参照脱模剂的使用说明及实际的使用需求确定。稀释后脱模剂颜色呈乳白色。

3.脱模剂涂刷前模具的清理

涂刷脱模剂前应对模具表面仔细清理,去除残渣、浮尘、颗粒杂质等,确保模具表面干爽洁净。

4.脱模剂手工涂刷的相关要求及方法

(1)使用前先将脱模剂搅匀,如有沉淀,搅匀后不影响效果。

(2)可以用滚刷和棉抹布手工擦拭,也可使用喷涂设备喷涂。若不是自动化生产线,建议手工擦拭。

(3)在预先处理过的清洁模具上,用脱模剂在模具上擦一次,使其完全覆盖在模具上,形成一层透明的薄膜,然后用拧干的棉抹布复擦一次,见图2.4.1。

图2.4.1 涂刷脱模剂

(4)已涂刷脱模剂的模具,必须在规定的有效时间内完成混凝土浇筑。

(5)脱模剂必须当天配制当天使用。

(6)盛装脱模剂的容器必须每天清洗。

(7)凡换用新品种、新工艺的脱模剂时,需先做可行性试验,以求达到最佳稀释倍数及最佳的预制构件表面效果。

5.脱模剂自动喷涂的相关要求及方法

在全自动生产流水线中,一般都配备脱模剂自动喷涂设备,普通的喷涂设备只能对底模面进行喷涂,自动化程度较高的喷涂设备则能自动对包含底模在内的所有模具的表面喷涂脱模剂。用脱模剂自动喷涂设备喷涂脱模剂时,应按下列要求进行:

(1)脱模剂自动喷涂设备应配备自动搅拌装置,在喷涂前应搅匀脱模剂,防止沉淀。

(2)脱模剂的稀释比例应满足脱模和喷涂设备的使用要求。

(3)根据不同的模具,设定好喷涂范围、喷头高度、喷涂速度等参数,在预先处理过的清洁模具上,先试喷一下,查看喷头的雾化效果,必要时调整脱模剂的稀释比例或喷头与模板面的距离,直至脱模剂雾化良好、喷涂均匀。

(4)启动自动模式,进行自动喷涂。

(5)应随时查看脱模剂喷涂情况,发现喷涂效果变化要及时调整。

(6)盛装脱模剂的容器必须定期清洗。

(7)凡换用新品种、新工艺的脱模剂时,需先做可行性试验,以求达到最佳稀释倍数及最佳的预制构件表面效果。

6.脱模剂自动喷涂易发生的问题

脱模剂自动喷涂设备在使用中经常会发生喷涂雾化效果差、喷头堵塞等问题。造成雾化效果差的原因多是脱模剂稀释比例失调,脱模剂稠度过大;而造成喷头堵塞则是脱模剂中含有细粒杂质,或是装脱模剂的容器长时间未清理,有沉积物。另外,喷头高度对雾化效果和喷涂量有显著影响,应根据实际使用需求合理调整。

7.脱模剂涂刷未按要求施工易发生的问题

脱模剂涂刷未按要求施工直接影响预制构件的外观质量,产生如麻面、局部疏松、表面色差或脏污等问题。

(1)脱模剂涂刷不到位或涂刷后较长时间才浇筑混凝土,易造成预制构件表面混凝土粘模而产生麻面等,见图2.4.2。

(2)脱模剂涂刷过量或局部堆积,易造成预制构件表面混凝土麻面或局部疏松等,见图2.4.3。

图2.4.2 混凝土粘模

图2.4.3 混凝土疏松

(3)脱模剂不洁净或涂刷脱模剂的刷子、抹布不干净,易造成预制构件混凝土表面脏污、有色差等。

2.4.2 缓凝剂涂刷

在模板表面涂刷缓凝剂是为了延缓预制构件与模板接触面混凝土的强度增长,以便于预制构件脱模后对需要做成粗糙面的表面进行后期处理。

使用缓凝剂后,在预制构件蒸汽养护结束脱模后,用压力水冲刷需要做粗糙面的混凝土表面,通过灵活控制冲刷时间和缓凝剂的用量,可以控制粗糙面骨料外露的深浅。能达到设计要求的混凝土粗糙面效果,应保证与后浇混凝土的黏结性也满足设计要求。

涂刷缓凝剂的操作简单,取代了原来繁琐的施工方法,对混凝土其他部位没有任何伤害,节省了大量的工作时间,降低了工人劳动强度,消除了粉尘污染,节约了财力、物力,降低了成本。

1. 缓凝剂涂刷前模具的清理

涂刷缓凝剂前应对需要涂刷缓凝剂的模板表面仔细清理,去除残渣、浮灰、颗粒杂质等,确保模板表面干爽洁净。

2. 缓凝剂涂刷的相关要求及方法

(1)用刷子或滚筒在需要涂刷缓凝剂的模板表面均匀涂刷一层缓凝剂,注意不得漏涂。

(2)涂刷缓凝剂时,除了需要涂刷缓凝剂的部位外,缓凝剂不得沾染到其他部位。

(3)等待缓凝剂自然风干,在模板上形成一层可溶于水的缓凝剂薄膜。

(4)已涂刷缓凝剂的模具,必须在规定的有效时间内完成混凝土浇筑。

(5)盛装缓凝剂的容器必须每天清洗,并不得与其他容器混用。

(6)凡换用新品种、新工艺的缓凝剂时,需先做可行性试验,以求达到最佳使用效果。

3. 缓凝剂涂刷未按要求施工易发生的问题

缓凝剂涂刷不到位、涂刷后等待时间过长或缓凝剂用量过多,都会造成预制构件表面质量出现问题。常见的问题有:

(1)缓凝剂涂刷过量,高压水冲洗时造成预制构件表层砂浆过度流失,露骨料过深。

(2)缓凝剂涂刷不足或涂刷后等待时间过长,造成预制构件表层砂浆难以冲掉,露骨料过浅。

(3)缓凝剂涂刷不均匀,导致预制构件表面露骨料不均匀。

任务五　质量问题及预防措施

2.5.1　模台问题一

固定模台投入使用一段时间后,平整度往往会超标,误差可达 2 mm 以上,需要用水准仪检查模台平整度(见图 2.5.1)。

图 2.5.1 用水准仪检查模台平整度

1.原因分析

在构件制作过程中,固定模台下侧的搁置点,因震动等原因导致了下部支撑松动,模台结构受力不均,发生了挠度变形(见图 2.5.2)。

图 2.5.2 模台支撑部位

2.预防措施和处理方法

(1)模台应具有足够的强度、刚度和整体稳固性,面板厚度不应小于 10 mm,可参照不变形的模台确定肋板间距。

(2)固定模台骨架应有良好的平整度,平整度用 2 m 靠尺和塞尺检查,平整度误差不宜超过 2 mm。

(3)固定模台安装前,必须对下部支撑进行调平,如采用钢制垫片应焊接固定。

(4)固定模台与地面接触处设置紧固装置,防止移位和受到扰动。

2.5.2 模台问题二

流转模台使用一段时间后,平整度往往超过误差允许范围,难以满足预制构件的精度要求。

1. 原因分析

由于流转模台受力状况较复杂、加工制作过程的措施不到位等原因,极易造成模台发生变形。

2. 预防措施和处理方法

(1)模台应具有足够的强度、刚度和整体稳固性,可参照欧洲模台的面板厚度(10 mm)和肋板间距(≤500 mm)。

(2)流转模台制作宜采用整体式的高精度铸造平台,平整度要求在 1 mm 以内。欧洲的模台表面经过研磨抛光处理,表面光洁度能达到 25 μm,表面平整度误差为 3 mm±1.5 mm。

(3)平台焊接成型后,应经过高频振动消除内应力。

(4)仔细检查平台的焊接质量。

2.5.3 模具问题一

模具在生产过程中,一开始或者生产一段时间后发生变形,不能满足预制构件的精度要求。

1. 原因分析

在设计模具时,凭经验设计,缺少受力计算分析,造成模具整体结构的强度和刚度不能支撑整个生产周期中各种荷载的冲击而发生变形。

2. 预防措施和处理方法

(1)设计模具时必须经过定量的受力分析计算,不能仅仅凭经验来决定。

(2)可以运用有限元的分析软件,对模具各工况的最大荷载进行受力分析,不满足要求的,要进行结构优化,使其满足强度和刚度的要求(特别是刚度要求),并具有良好的使用性能。

(3)没有计算条件的工厂可借鉴同类构件未变形模具的板厚、肋板高度及间距。

2.5.4 模具问题二

带有伸出钢筋的构件边模(见图 2.5.3~图 2.5.6),构件成型后边模较难拆除,很容易造成构件缺棱掉角,如图 2.5.7。

图 2.5.3 外墙模具伸出钢筋

图 2.5.4 预制柱模伸出钢筋

图 2.5.5 预制阳台伸出钢筋

图 2.5.6 阳台模具伸出钢筋

图 2.5.7 构件伸出钢筋部位损坏

1. 原因分析

对于预留有出筋的构件,边模上预留的出筋孔、槽口因钢筋偏向一侧,脱模时容易卡住模板,往往会造成脱模困难。

2. 预防措施和处理方法

对于预留有出筋的构件,在出筋处预留孔洞,一方面为了让钢筋伸出构件,另一方面也便于对钢筋进行精准定位。对于预留出筋的构件,可考虑采用以下几种处理方式。

(1)设置穿芯式定位橡胶塞,参见图 2.5.8。
(2)使用封堵出筋孔的橡胶圈,参见图 2.5.9。

图 2.5.8　穿芯式定位橡胶塞　　　　　图 2.5.9　封堵出筋孔的橡胶圈

(3)边模出筋孔附加钢板,参见图 2.5.10。
(4)出筋处留设槽口,用卡片式橡胶封堵,参见图 2.5.11。

图 2.5.10　出筋孔附加钢板　　　　　图 2.5.11　用卡片式橡胶封堵

2.5.5　模具问题三

混凝土浇筑时,模板拼缝处或模板四周出现大量的漏浆,造成构件脱模后产生比较厚的混凝土毛刺或混凝土飞边,见图 2.5.12 和图 2.5.13。

图 2.5.12 模具组装不良导致边口混凝土较厚

图 2.5.13 模具拼缝问题引起构件飞边

1. 原因分析

模具清理不到位,边模和模台之间有间隙;或模具年久失修,造成严重变形,拼缝不严,使构件产生毛刺和飞边。这些都会直接影响构件的外观质量,有的甚至会影响构件的外观尺寸,造成构件安装困难。

2. 预防措施和处理方法

(1)模具设计和制作时,应合理选材,严格控制各部分尺寸。

(2)定期检查模具,对存在问题的模具及时整修,验收合格后方可投入使用。

(3)做好模具清理工作,尤其是边角、拼缝处的清理。

(4)做好作业交底和培训工作,防止作业人员硬敲硬拽,导致模具变形、构件受损。

2.5.6 模具问题四

多次周转模具指使用频率高、周转次数多的模具及长时间使用的模具。

1. 多次周转模具容易出现的问题

(1)模具长时间、高负荷使用后,侧模、工装架易发生疲劳效应,出现拼缝不严、尺度差等问题。

(2)模具紧固、定位组件失效或缺失,拼接处脱焊,模具的刚度、强度和稳定性发生了变化。

(3)模具部件标识日渐模糊,给日常模具组装、生产增加了难度。

(4)模具清理不及时、不到位,污染日趋严重。

(5)与混凝土接触的模具面板受到了磕碰损伤,导致构件外观质量受到影响。

(6)模台平整度发生变化。

2. 预防措施和处理方法

为减少多次周转模具发生上述问题，需从模具设计前端就开始考虑，编制模具配置方案和验收方案，并完善日常使用检查、维护和保养制度。

1) 模具设计要求

模具设计要考虑构件质量、作业的便利性及经济性，合理选用模具材料，尽可能减轻模具重量，方便人工组装和清扫。

模具除应满足承载力、刚度和整体稳定性要求外，尚应符合下列规定：

(1) 应满足预制构件质量、生产工艺、模具组装与拆卸、周转次数等要求。

(2) 应满足预制构件预留孔洞、插筋及预埋件的安装定位要求。

(3) 预应力构件的模具应根据设计要求预设反拱。

2) 模具验收的内容、检查措施

不合格的模具生产出的产品每个都是不合格的，因此模具质量是保证产品质量的前提。

(1) 模具验收的内容：新模具安装定位后应仔细检查，试生产实物预制构件的各项检测指标均应在标准的允许误差内，方可投入正常生产。①模具的检查内容包括其形状、质感、尺寸误差、表面平整度、边缘、转角、预埋件定位、灌浆套筒定位、孔眼定位、伸出钢筋的定位及模台平整度等。②检验模具的刚度、组模后的牢固程度、连接处合缝的密实情况等。

(2) 做好预埋件、预埋物、灌浆套筒、预留孔洞等验收：①预埋件、预埋物、灌浆套筒、预留孔洞模具的数量、规格、位置、安装方式等应符合设计图纸的规定，固定措施准确可靠。②预埋件应固定在模板或支架上，预留孔洞设置牢靠的定位措施。

(3) 首件验收制度：见后面详述。

(4) 检查措施和频次：①模具拼装前首先对模台做平整度检查，之后每周转10次检查1次。②新模具拼装后应对模具进行检查验收，同一形状的模具每周转10次检查1次。③日常生产检查，发现问题及时调整和整修，整修后重新按照首件验收制度复查合格后再投入使用。

(5) 日常使用检查和维护制度：①建立健全日常模具的检修、维护和保养制度。模具应定期进行检修，检修合格方能再次投入使用。②模具经维修后仍不能满足使用功能和质量要求的应予以报废，并填写模具报废记录表。

3. 模具验收质量要点

(1) 模具制作后必须经过严格的质量检查并确认合格后才能投入生产。

(2) 一个新模具的首个构件必须进行严格的检查，确认首件合格后方可以正式投入生产；如果不合格，调整模具直至检查合格后方能投入生产。

(3) 首件验收除了形状、尺寸、质感外，还应当看脱模的便利性等。

(4)模具尺寸的允许误差应当是构件允许误差的一半。

(5)模具各个面之间的角度应符合设计要求,如端部必须与板面垂直等。

(6)模具质量和首件验收都应当填表存档。

(7)模具检查必须有准确的测量尺寸和角度,应当在光线明亮的环境下进行。

(8)模具检查应当在组装后进行。

2.5.7 模具问题五

重复利用模具指旧项目模具与新项目相适用和匹配,可重复利用于新项目的构件生产。

1. 重复利用模具容易出现的问题

(1)旧项目模具存放和保管档案不完整,模具部件不齐全。

(2)旧项目模具与新项目的设计图样、技术要求、质量要求不完全相适应和匹配。

(3)旧项目模具长时间存放和堆叠,因支垫位置不佳、通风不良等原因,出现了变形、锈蚀等问题。

(4)未对重新投入使用的模台进行平整度检查。

2. 预防措施和处理方法

(1)完善存放和保管档案制度,落实到人,防止部件缺失。

(2)根据设计图样要求,更新模具装配方案,并复核模具是否满足新项目的技术和质量要求。对不合格和不匹配项逐一排查和调整。

(3)旧项目模具存放和保管应制订专项方案,拆模同时应做好清理和保养工作,并分类进行堆叠存放。

(4)结合新项目的设计图样要求、技术和质量验收标准,对旧项目模具进行首件检验,检验合格方能投入使用。对已经发生的模具变形、锈蚀等问题要重点把控,经整修、复查仍不能满足要求的模具,严禁投入使用。

(5)新项目开始后,应定期开展模具复查工作。对新发生的问题及时进行整修和记录,整修后的模具要重新进行首件检验。

3. 首件验收制度

1)模具的组装检验制度

在新模具投入使用前,或旧项目模具重复利用于新项目,或模具整修、变更后,工厂均应组织相关人员对模具进行组装验收,填写《模具组装检查记录表》并拍照存档。

2)新模具、重复利用的模具或模具整修、变更后首个预制构件的检验

新模具、重复利用的模具或整修、变更后的模具投入生产浇筑前,工厂应当组织相关人员对

构件进行首件验收,填写《首件验收记录表》并拍照存档。

课后题

一、选择题

1. 预制构件接缝处模板宜选用定型模板,并与预制构件可靠连接,模板安装应牢固,且模板拼缝应严密、(　　)、不漏浆。
   A. 整齐　　　　　　B. 平整　　　　　　C. 清洁　　　　　　D. 牢固

2. 模具组装前,模板接触面平整度、板面弯曲、拼装缝隙、(　　)等应满足相关设计要求。
   A. 清洁度　　　　　B. 几何尺寸　　　　C. 相对尺寸　　　　D. 允许偏差

3. 混凝土模板多次反复使用造成模板破损变形、平整度差容易引起的质量问题是(　　)。
   A. 裂缝　　　　　　B. 外形(表)缺陷　　C. 疏松　　　　　　D. 夹渣

4. 组装模板前模具必须清理干净,不得有(　　)。
   A. 油污　　　　　　B. 砼渣　　　　　　C. 浮锈　　　　　　D. 水泥砂浆

5. 模具在验收时,除了外型尺寸和平整度外,还应重点检查模具的(　　)和定位系统。
   A. 整齐　　　　　　B. 连接　　　　　　C. 清洁　　　　　　D. 牢固

6. 模具的边模定位方式设计要求在每个边模上设置(　　)个定位销,以便更精确地定位。
   A. 2～3　　　　　　B. 2～4　　　　　　C. 3～4　　　　　　D. 3～5

7. 模具的边模定位方式设计要求连接螺栓的间距控制在(　　)mm 为宜。
   A. 200～400　　　　B. 300～500　　　　C. 400～500　　　　D. 500～600

8. 楼梯模具检验时,其使用工具有:钢尺、施工线、(　　)、靠尺和塞尺。
   A. 直尺　　　　　　B. 三角尺　　　　　C. 吊锤　　　　　　D. 水平尺

二、简答题

1. 模具主要包括哪些种类?
2. 预制混凝土构件模具使用要求有哪些?
3. 模具加固设计要点是什么?
4. 预制叠合板模具安装要点有哪些?
5. 叠合楼梯模具安装要点有哪些?

项目三　钢筋及预埋件施工

思政小课堂

精益。精益就是精益求精,是指已经做得很好了,还要求做得更好,"即使做一颗螺丝钉,也要做到最好"。从业者应具备对每件产品、每道工序都凝神聚力、精益求精、追求极致的职业品质。正如老子所说:"天下大事,必作于细"。能基业长青的企业,无不是追求精益求精的卓越品质才获得成功的。

任务描述

构件生产厂技术员王某接到某工程预制混凝土剪力墙外墙的生产任务,其中标准层一块带一个窗洞的矮窗台外墙板选用了标准图集 15G365-1《预制混凝土剪力墙外墙板》中编号为 WQCA-3028-1516 的内叶板。该内叶板所属工程的结构及环境特点如下:

该工程为政府保障性住房,位于××西侧,××北侧,××南侧,××东侧。工程采用装配整体式混凝土剪力墙结构体系,预制构件包括:预制夹心外墙、预制内墙、预制叠合楼板、预制楼梯、预制阳台板及预制空调板。

王某现需结合标准图集中内叶板 WQCA-3028-1516 的配筋图(图 3.0.1)及工程结构特点,指导工人进行钢筋及预埋件施工。

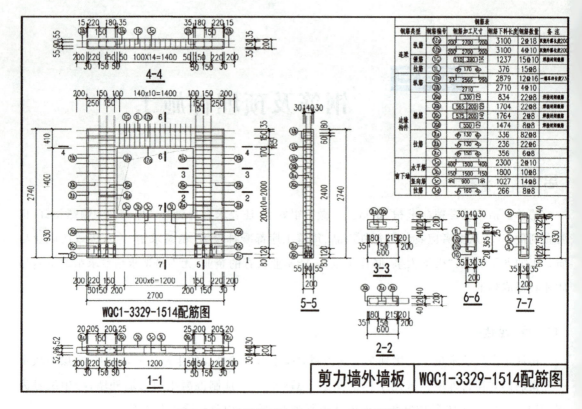

图 3.0.1　外墙板 WQC1-3329-1514 配筋图

学习方法

抓核心:遵循"熟练识图—精准施工—质量管控—组织验收"知识链。

重实操:不仅要有必需的理论知识,更要有较强的操作技能,认真完成配备的实训内容,多去实训基地观察、动手操作,提高自己解决问题的能力。

举一反三:在掌握基本知识的基础上,不断总结、举一反三、以不变应万变,真正掌握钢筋翻样和预埋件加工技术。

知识目标

认识预制构件预埋件;

掌握预制构件预埋件表示方法。

能力目标

能识读预制构件及连接节点图例;

能进行预制构件钢筋原料的计算。

能力目标

认真负责,团结合作,维护集体的荣誉和利益;

努力学习专业技术知识,不断提高专业技能;

遵纪守法,具有良好的职业道德;

严格执行建设行业有关标准、规范、规程和制度。

任务一　预制混凝土构件配筋原则

钢筋在工程造价中占有很大比重,是材料费中金额最大的一项。甲、乙双方对钢材的用量都很重视。但是钢筋的计算过程很复杂、繁琐,计算工程量较大,因此要重视钢筋的计算。

3.1.1　预制混凝土构件——板配筋要求

1. 受力钢筋

(1)板中受力钢筋的常用直径:板厚 $h<100$ mm 时直径为 $6\sim 8$ mm;h 在 $100\sim 150$ mm 时直径为 $8\sim 12$ mm;$h>150$ mm 时直径为 $12\sim 16$ mm。

(2)板中受力钢筋的间距:一般不小于 70 mm,当板厚 $h\leqslant 150$ mm 时间距不宜>200 mm;当 $h>150$ mm 时间距不宜>1.5h 或 250 mm。板中受力钢筋一般距墙边或梁边 50 mm 开始配置。

(3)单向板和双向板可采用分离式配筋或弯起式配筋。分离式配筋因施工方便,已成为工程中主要采用的配筋方式。当多跨单向板、多跨双向板采用分离式配筋时,跨中下部钢筋宜全部伸入支座;支座负筋向跨内的延伸长度应覆盖负弯矩并满足钢筋锚固的要求。

(4)简支板或连续板跨中下部纵向钢筋伸至支座的中心线且锚固长度≥5d(d 为下部钢筋直径)。当连续板内温度收缩应力较大时,伸入支座的锚固长度宜适当增加。与边梁整浇的板,支座负弯矩钢筋的锚固长度应为 l_a。

(5)在双向板的纵、横两个方向上均需配置受力钢筋。承受弯矩较大方向的受力钢筋,布置在受力较小钢筋的外层。

2. 分布钢筋

分布钢筋作用是将板面荷载能均匀地传递给受力钢筋;抵抗温度变化和混凝土收缩性在垂直于板跨方向所产生的拉应力;同时还与受力钢筋绑扎在一起组合成骨架,防止受力钢筋在混凝土浇捣时移位。

(1)单向板中单位长度上分布钢筋的截面面积不宜小于单位宽度上受力钢筋截面面积的15%,且不宜小于该方向板截面面积的0.15%;分布钢筋的间距不宜大于250 mm,直径不宜小于6 mm。

对集中荷载较大的情况,分布钢筋的截面面积应适当增加,其间距不宜大于20 mm。

(2)在温度、收缩应力较大的现浇板区域内,钢筋间距宜为150~200 mm,并应在板的配筋表面布置温度收缩钢筋。板的上、下表面沿纵、横两个方向的配筋率均不宜小于0.1%。

(3)温度收缩钢筋可利用原有钢筋贯通布置,也可另行设置构造钢筋网,并与原有钢筋按受拉钢筋的要求搭接或在周边构件中锚固。

3. 构造钢筋

为了避免板受力后,在支座上部出现裂缝,通常在这些部件上部配置受拉钢筋,这种钢筋亦称为负筋。

(1)对与支承结构整体浇筑或嵌固在承重砌体墙内的现浇混凝土板,应沿支承周边配置上部构造钢筋,其直径不宜小于8 mm,间距不宜大于200 mm,并应符合下列规定:

截面面积:沿受力方向配置时不宜小于跨中受力钢筋截面面积的1/3,沿非受力方向配置时可根据实践经验适当减少。

伸入板内长度:对嵌固在承重砌体墙内的板不宜小于板短边跨度的1/7,在两边嵌固于墙内的板角部分不宜小于板短边跨度的1/4(双向配置);对周边与混凝土梁或墙整体浇筑的板不宜小于受力方向板计算跨度的1/5(单向板)或1/4(双向板)。

(2)当现浇板的受力钢筋与梁平行时,应沿梁长度方向配置间距不大于200 mm且与梁垂直的上部构造钢筋,其直径不宜小于8 mm,且单位长度内的总截面面积不宜小于板中单位长度内受力钢筋截面面积的1/3,该构造钢筋伸入板内的长度不宜小于板计算跨度的1/4。

4. 钢筋位置

预制混凝土板一般下部钢筋短跨在下,长跨在上;上部钢筋短跨在上,长跨在下。接头位置上部钢筋在跨中1/3处,也可以搭接。下部钢筋搭接在下支座1/3处,也可以锚固入梁内并满足锚固长度,焊接接头位置要保证50%的截面比例。如果搭接比例为100%,则搭接长度为$1.4d$。

板筋的起步筋位置取板受力钢筋间距的一半,从梁外侧钢筋外侧开始算起,一般做法是取梁侧模外5 cm。

从设计角度来讲,当楼板厚度大于150 mm时,一般建议采用上下层配筋。因为楼板厚度大的情况下,通常在设计时要考虑上部跨中负弯矩的作用,虽然理论上没有跨中负弯矩,但是考虑现场的施工实际情况(支模、施工时人为因素等),上部也应配置钢筋。布置双向钢筋的时候,短跨是计算跨度,也就是主受力方向,因此主受力筋应当配置在外侧。

5.板上开洞

(1)圆洞或方洞垂直于板跨方向的边长小于300 mm时,可将板的受力钢筋绕过洞口,不必加固。

(2)当300 mm≤D(洞口直径)<1000 mm时,应沿洞边每侧配置加强钢筋,其面积不小于洞口宽度内被切断的受力钢筋面积的1/2,且不小于2Φ10。

(3)当D(洞口直径)>300 mm且孔洞周边有集中荷载时,或D(洞口直径)>1000 mm时,应在孔洞边加设边梁。

3.1.2 预制混凝土构件——墙配筋要求

采用一字形的预制剪力墙相当于现浇剪力墙的墙身部位,分为开洞和不开洞两种类型。不开洞的剪力墙一般配置双层双向钢筋网片,水平钢筋伸出两侧锚入后浇墙柱,部分竖向钢筋伸出混凝土顶面与上层墙体连接。开洞的预制剪力墙洞口宜居中布置,洞口两侧的墙肢宽度不应小于200 mm,洞口上方连梁高度不宜小于250 mm。设置大洞口的预制剪力墙,一般在洞边设置边缘构件(开有两个洞口的预制剪力墙洞间墙一般不设边缘构件,仍按构造配筋),不开洞部分一般配置双层双向钢筋网片,水平钢筋伸出两侧锚入后浇墙柱,边缘构件竖向钢筋和部分墙身竖向钢筋伸出混凝土顶面与上层墙体连接。端部无边缘构件的预制剪力墙,宜在端部配置2根直径不小于12 mm的竖向构造钢筋;沿该钢筋竖向应配置拉筋,拉筋直径不宜小于6 mm,间距不宜大于250 mm。对预制墙板边缘配筋适当加强是为了形成边框,保证墙板在形成整体结构之前的刚度、延性及承载力。

预制剪力墙开有边长小于800 mm的洞口且在结构整体计算中不考虑其影响时,应沿洞口周边配置补强钢筋;补强钢筋的直径不应小于12 mm,截面面积不应小于同方向被洞口截断的钢筋面积,该钢筋自孔洞边角起计算伸入墙内的长度,非抗震设计时不应小于l_a,抗震设计时不应小于l_{aE},如图3.1.1所示。

预制剪力墙的连梁不宜开洞;当需开洞时,洞口宜预埋套管,洞口上、下截面的有效高度不宜小于梁高的1/3,且不宜小于200 mm;被洞口削弱的连梁截面应进行承载力验算,洞口处应配置补强纵向钢筋和箍筋,补强纵向钢筋的直径不应小于12 mm,如图3.1.2所示。

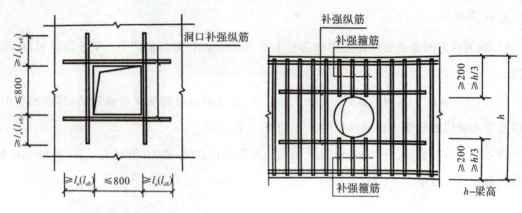

图 3.1.1　洞口补强钢筋配筋示意图(单位:mm)　　图 3.1.2　连梁洞口示意图(单位:mm)

当预制剪力墙采用套筒灌浆连接时,自套筒底部至套筒顶部并向上 300 mm 范围内,水平分布钢筋应加密,如图 3.1.3 所示。加密区水平分布钢筋的最大间距及最小直径应符合表 3-1 的规定,套筒上端第一道水平分布钢筋距离套筒顶部不应大于 50 mm。对该区域的水平分布钢筋的加强,是为了提高墙板的抗剪能力和变形能力,并使该区域的塑性铰可以充分发展,提高墙板的抗震性能。

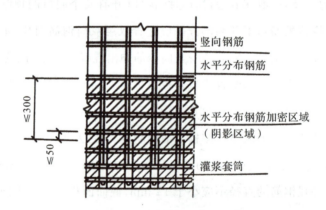

图 3.1.3　钢筋套筒灌浆连接部位水平分布钢筋的加密构造示意图(单位:mm)

表 3-1　加密区水平分布钢筋的要求

抗震等级	最大间距/mm	最小直径/mm
一、二级	100	8
三、四级	150	8

预制夹心外墙板在国内外均有广泛的应用,具有结构、保温、装饰一体化的特点。预制夹心外墙板根据其在结构中的作用,可以分为承重墙板和非承重墙板两类。作为承重墙板时,它与其他结构构件共同承担垂直力和水平力;作为非承重墙板时,它仅作为外围护墙体使用。预制

夹心外墙板根据其内、外叶墙板间的连接构造,又可以分为组合墙板和非组合墙板。组合墙板的内、外叶墙板可通过拉结件的连接共同工作;非组合墙板的内、外叶墙板不共同受力,外叶墙板仅作为荷载,通过拉结件作用在内叶墙板上。

当预制外墙采用夹心墙板时,外叶墙板厚度不应小于 50 mm,且外叶墙板应与内叶墙板可靠连接;夹心外墙板的夹层厚度不宜大于 120 mm;当作为承重墙时,内叶墙板应按剪力墙进行设计。

预制剪力墙的顶部和底部与后浇混凝土的结合面应设置粗糙面;侧面与后浇混凝土的结合面可设置粗糙面,也可设置键槽。键槽深度 t 不宜小于 20 mm,宽度 w 不宜小于深度的 3 倍且不宜大于深度的 10 倍,键槽间距宜等于键槽宽度,键槽端部斜面倾角不宜大于 30°。粗糙面的面积不宜小于结合面的 80%,粗糙面凹凸深度不应小于 6 mm。图集中的预制剪力墙板侧面按图 3.1.4 设置键槽。

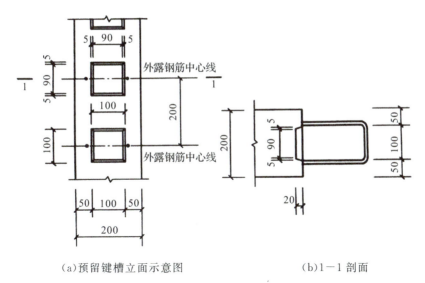

(a)预留键槽立面示意图　　　　(b)1—1 剖面

图 3.1.4　剪力墙两侧键槽示意图(单位:mm)

任务二　钢筋翻样

钢筋翻样包括预算翻样和施工翻样,本任务主要介绍施工翻样。施工翻样是指根据设计图纸及相关规范要求详细列出预制构件中钢筋的规格、形状、尺寸、数量、重量等内容,将每种类型的钢筋进行编号,形成钢筋下料单,连同配筋图一并作为作业人员钢筋下料、制作和绑扎安装的依据。

3.2.1 翻样前准备

进行翻样前,应先阅读设计图总说明和预制构件图,明确下列内容:
(1)确定工程抗震等级。
(2)确定工程遵循的标准、规范、规程及标准图。
(3)确定混凝土强度等级。
(4)遵循设计优先的原则,确定结构说明中是否有详细的钢筋构造做法。
(5)仔细阅读结构说明中连接节点、后浇带等部位的构造做法。
(6)明确预制构件的尺寸、类型、形状,确定是否有留出筋。

3.2.2 钢筋手工翻样

钢筋手工翻样虽然计算过程复杂,效率较低,但翻样精准、合理,可以做到最优化,所以采用较普遍。钢筋手工翻样流程如下。

(1)根据工程的抗震等级、设计及相关规范的要求,对预制构件配筋图各部位的钢筋进行合理地拆分,或对设计给出的配筋表进行分析,确保方便施工、损耗小。
(2)选用相应品种、等级和规格的钢筋。
(3)确定钢筋长度。各种类型钢筋长度的确定方法如下。

未伸出构件的直筋长度=构件图示尺寸-保护层厚度×2+搭接长度,见图 3.2.1。

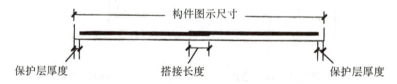

图 3.2.1　未伸出构件的直筋长度

伸出构件的直筋长度=构件图示尺寸+两端伸出长度+搭接长度,见图 3.2.2。

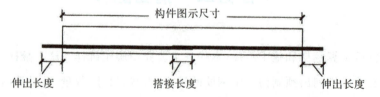

图 3.2.2　伸出构件的直筋长度

未伸出构件的弯筋长度=构件图示尺寸-保护层厚度×2+搭接长度+两端弯折长度+弯曲调整值+弯起增加长度(弯起段长度-弯起段投影长度),见图 3.2.3。

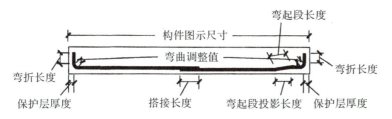

图 3.2.3　未伸出构件的弯筋长度

伸出构件的弯筋长度＝构件图示尺寸＋搭接长度＋两端伸出长度＋两端弯折长度＋弯曲调整值＋弯起增加长度(弯起段长度－弯起段投影长度)，见图 3.2.4。

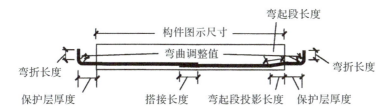

图 3.2.4　伸出构件的弯筋长度

未伸出构件的箍筋长度＝(构件截面图示长度－保护层厚度×2＋构件截面图示高度－保护层厚度×2)×2＋弯曲调整值＋弯钩平直段长度×2，见图 3.2.5。

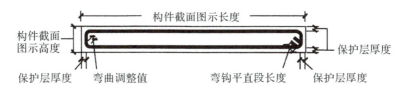

图 3.2.5　未伸出构件的箍筋长度

伸出构件的箍筋长度＝(构件截面图示长度＋构件截面图示高度－保护层厚度×2)×2＋两端伸出长度＋弯曲调整值＋弯钩平直段长度×2，见图 3.2.6。

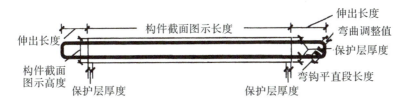

图 3.2.6　伸出构件的箍筋长度

曲线钢筋长度＝构件图示曲面尺寸－保护层厚度×2＋两端弯折长度＋弯曲调整值，见图 3.2.7。

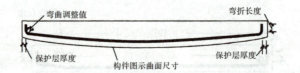

图 3.2.7 曲线钢筋长度

弯曲调整值详见表 3-2。

表 3-2 钢筋弯曲调整值

弯曲角度	钢筋级别	弯曲调整值 δ		弯弧内直径
		计算式	取值	
30°	HPB235 HRB335 HRB400	$\delta=0.0062D+0.2741d$	$0.305d$	$D=5d$
45°		$\delta=0.0215D+0.4357d$	$0.543d$	
60°		$\delta=0.0538D+0.6312d$	$0.900d$	
90°		$\delta=0.02146D+1.2146d$	$2.288d$	
135°	HPB235	$\delta=0.8219d-0.1781D$	$0.377d$	$D=2.5d$(HPB 钢筋)
	HRB335 HRB400		$0.11d$	$D=4d$(HRB 钢筋)

注:d 为钢筋直径。

箍筋弯钩增加长度详见表 3-3。

表 3-3 箍筋弯钩增加长度

弯钩形式	箍筋弯钩增加长度 l_z 计算式	平直段长度 l_p	箍筋弯钩增加长度 l_z	
			HPB300	HRB400(E)
半圆弯钩(180°)	$l_z=1.071D+0.57d+l_p$	$5d$	$8.25d$	$9.85d$
直弯钩(90°)	$l_z=0.285D+0.215d+l_p$	$5d$	$5.9d$	$6.36d$
斜弯钩(135°)	$l_z=0.678D+0.178d+l_p$	$10d$	$11.87d$	$12.89d$

(4)每种类型钢筋配筋数量的确定。

①梁、柱等预制构件的主筋,应按设计给出的数量确定。

②网片筋、分布筋、箍筋数量=(布筋面的尺寸-两端保护层厚度)/布筋间距+1,见图 3.2.8 和图 3.2.9。图 3.2.8 中分布筋数量即为:(1000-50×2)÷150+1=7。

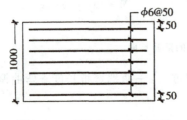

图 3.2.8 网片筋、分布筋数量

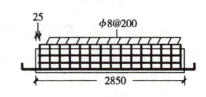

图 3.2.9 梁箍筋数量

③其他的加强筋或辅筋数量应根据设置的部位、设置形式等确定,比如预埋件加强筋数量等于需要设置加强筋的预埋件数量;窗角的加强筋数量为窗角数量×2等。

(5)每种类型钢筋的重量＝该种规格钢筋的单位重量×该类钢筋每根长度×该类钢筋的根数,如 $\phi 8$ 的分布筋单根长度 3.2 m,每个预制构件 24 根,则该类钢筋的重量为:0.395×3.2×24＝30.336(kg)。常用规格钢筋的单位重量见表 3-4。

表 3-4 常用规格钢筋单位重量表

直径/mm \ 根数/根	横截面面积/cm²									重量/(kg·m⁻¹)
	1	2	3	4	5	6	7	8	9	
2.5	0.049	0.098	0.147	0.196	0.245	0.294	0.343	0.392	0.441	0.039
3	0.071	0.141	0.212	0.283	0.353	0.424	0.495	0.565	0.636	0.055
4	0.126	0.251	0.377	0.502	0.628	0.754	0.879	1.005	1.130	0.099
5	0.196	0.392	0.588	0.784	0.980	1.176	1.372	1.568	1.764	0.154
6	0.283	0.57	0.85	1.130	1.420	1.70	1.98	2.26	2.55	0.222
8	0.503	1.01	1.51	2.01	2.52	3.02	3.52	4.02	4.53	0.395
10	0.785	1.57	2.36	3.14	3.93	4.71	5.50	6.28	7.07	0.617
12	1.131	2.26	3.39	4.52	5.65	6.78	7.91	9.04	10.17	0.888
14	1.539	3.08	4.61	6.15	7.69	9.23	10.77	12.30	13.87	1.208
16	2.011	4.02	6.03	8.04	10.05	12.06	14.07	16.08	18.09	1.578

(6)编制钢筋翻样表如表 3-5 所示。

表 3-5 钢筋翻样表

构件名称:YWQ1826							构件数量:1块
筋号	数量	合计数量	规格	加工尺寸	下料长度/mm	总重量/kg	备注
1	22	22	Ⓞ	40⌐ 200 1800 200 ⌐40	2347	20.39	墙体水平筋
2	10	10	Ⓞ	2000	2000	7.9	墙体水平筋
3	16	16	Ⓞ	124⌐ 2510 ⌐124	2783	17.58	墙体竖向筋
4	4	4	Ⓞ	130⌐ 2510 ⌐130	2803	6.92	墙体竖向筋

续表 3-5

构件名称:YWQ1826							构件数量:1 块
筋号	数量	合计数量	规格	加工尺寸	下料长度/mm	总重量/kg	备注
5	5	5	Φ	830	830	8.3	加强筋
6	5	5	Φ	1100	1100	11	加强筋
7	53	53	Φ	75 ⌐170⌐ 75	366	4.31	拉筋

3.2.3 模具图设计关于钢筋的要求

在预制构件制作中,钢筋与模具关联度较高。因此,钢筋加工前的技术准备,必须考虑模具的因素。一般应考虑下列几个方面。

1. 布筋位置与内模、手孔模等发生冲突

(1)虽然有冲突,但在可避让范围内的,可调整布筋位置,见图 3.2.10。

(2)在不可避让范围内时,应采用其他有效方案进行调整,如弯折钢筋等,此时,必须在钢筋翻样表上做出同步调整,见图 3.2.11。

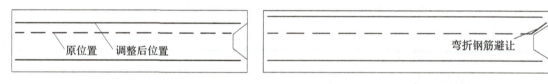

图 3.2.10 调整钢筋位置　　图 3.2.11 弯折钢筋避让

2. 带窗、带阴角的模具

在窗角、阴角部位应配置加强筋。

3. 在模具变截面或装饰线条等应力集中部位

在应力集中部位应考虑配置加强筋,见图 3.2.12。

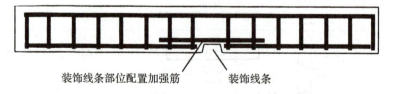

图 3.2.12 装饰线条应力集中部位配置加强筋

任务三 预制构件钢筋加工工艺流程

3.3.1 预制构件钢筋加工工艺流程

一般情况下,钢筋加工工艺流程为:钢筋调直—钢筋下料—弯曲成形—钢筋连接(如果需要)—钢筋骨架组合。

1. 钢筋调直

使用调直设备对盘卷钢筋进行调直,预制构件工厂常用的调直方法有调直设备调直(见图 3.3.1)和卷扬机冷拉调直(见图 3.3.2)。因为卷扬机冷拉调直质量无法保证,现已很少采用。

图 3.3.1 调直设备调直

图 3.3.2 卷扬机冷拉调直

2. 钢筋下料

钢筋下料是使用断料设备对已调直的钢筋或直条钢筋按需要的长度进行剪切断料。常见的下料方法有半自动下料(见图 3.3.3)和全自动下料(见图 3.3.4)。

图 3.3.3 半自动下料

图 3.3.4　全自动下料

3.弯曲成形

弯曲成形是将下料得到的钢筋直料弯制成配料表上要求的形状和尺寸。常用的方式有手工弯曲成形(见图 3.3.5)、半自动弯曲成形(见图 3.3.6)和全自动弯曲成形(见图 3.3.7),由于手工弯曲成形效率太低,现已很少采用。

图 3.3.5　手工弯曲成形

图 3.3.6　半自动弯曲成形

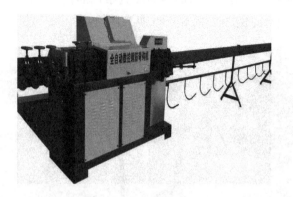

图 3.3.7　全自动弯曲成形

4.钢筋连接

钢筋连接为对长度不够的钢筋进行接续,使其长度达到要求。常用的钢筋连接方式有绑扎连接(见图 3.3.8)、焊接(见图 3.3.9)及机械连接(见图 3.3.10)等。

图 3.3.8 绑扎连接

图 3.3.9 焊接

图 3.3.10 机械连接

5.钢筋骨架组合

钢筋骨架组合是指将制作完成的钢筋半成品按配筋图的要求,通过绑扎或焊接使其形成一个刚性整体的过程。下面介绍叠合板构件钢筋骨架组合操作的作业程序。

1)叠合板构件钢筋骨架组合操作的作业程序

(1)将组合钢筋骨架所需的钢筋半成品准备好。

(2)在绑扎区地面放大样,画出布筋网格或准备好绑扎骨架的胎架,见图 3.3.11。

(3)根据配筋图所示的要求和位置,将钢筋逐根按顺序放好,见图 3.3.12。

图 3.3.11　地面大样

图 3.3.12　按顺序布筋

（4）将每个钢筋交叉点用绑丝绑扎牢固，绑丝头应按下，使其紧贴在钢筋上。

（5）将绑扎好的骨架挂上标识，吊运至存放区。

2）在模内组合钢筋骨架作业程序

（1）熟读并仔细分析配筋图，确定合理的布筋、绑扎顺序，一般顺序为先主后次，先主体后细部。

（2）准备好组合钢筋骨架所需的钢筋。

（3）将主筋或纵筋对齐排列，根据配筋图要求的布筋间距在主筋或纵筋上做好标记。

（4）将所需数量的箍筋放到模框内，需要伸出筋的，按侧模上预留的伸出筋槽口排布。

（5）将主筋或纵筋穿入模内箍筋，确定好两端保护层。

（6）根据主筋或纵筋上标记的布筋位置，将钢筋的交叉点逐个绑扎好，绑丝头朝向骨架内侧。

（7）钢筋骨架绑扎完成后应清理模内断绑丝及其他垃圾等，并挂上标识。

3.3.2　钢筋绑扎要点

1.剪力墙钢筋绑扎要点

剪力墙的钢筋绑扎时要注意以下要点。

（1）放 2～4 根竖筋，在竖筋上画好水平筋分档标志，在下部及上部绑扎两根水平筋定位，并在水平筋上画好竖筋分档标志，接着绑扎其余竖筋，最后绑扎其余水平筋。水平筋在竖筋里面或外面应符合设计要求。

（2）剪力墙钢筋应逐点绑扎，双排钢筋之间应绑扎拉筋或支撑筋，其纵横间距不大于 600 mm，钢筋外皮绑扎垫块或用塑料卡。

（3）剪力墙与框架柱连接处，剪力墙的水平筋应锚固到框架柱内，其锚固长度要符合设计要求。如先浇筑柱混凝土后绑剪力墙钢筋时，柱内要预留连接筋或柱内预埋铁件，待柱拆模绑墙筋时作为连接用。其预留长度应符合设计或规范的规定。

(4)剪力墙水平筋在两端头、转角、十字节点、连梁等部位的锚固长度以及洞口周围加固筋等,均应符合设计、抗震要求。绑扎前应根据洞口边线调整加强筋位置,以免门窗洞口加强筋位置、尺寸不符合要求。剪力墙拉筋要求按图 3.3.13 布置。

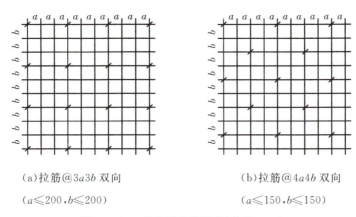

(a)拉筋@$3a3b$ 双向

($a \leqslant 200, b \leqslant 200$)

(b)拉筋@$4a4b$ 双向

($a \leqslant 150, b \leqslant 150$)

图 3.3.13　剪力墙拉筋要求(单位:mm)

2.叠合板钢筋绑扎要点

叠合板的四周两行钢筋交叉点应每点绑扎牢固。外露钢筋长度符合规范要求,中间部分交叉点可相隔交错扎牢,但必须保证受力钢筋不位移。双向主筋的钢筋网,则需将全部钢筋相交点扎牢。相邻绑扎点的钢丝扣成八字形,以免网片歪斜变形。大底板采用双层钢筋网时,在上层钢筋网下面应设置钢筋撑脚或混凝土撑脚,以保证钢筋位置正确,钢筋撑脚下应垫在下层钢筋网上。叠合板中遇到洞口时钢筋构造见图 3.3.14、图 3.3.15。

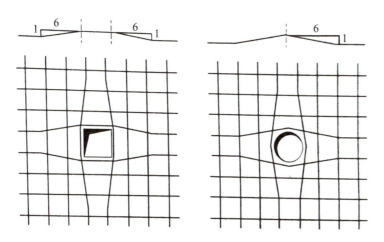

图 3.3.14　矩形洞口边长和圆形洞口直径不大于 300 mm 时钢筋构造

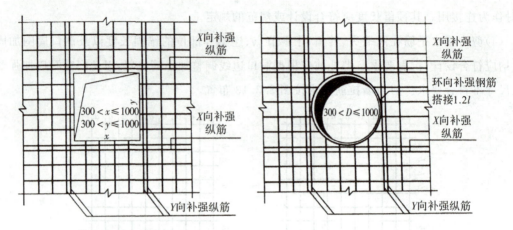

图 3.3.15 矩形洞口边长和圆形洞口直径大于 300 mm 小于或等于 1000 mm 时钢筋构造(单位:mm)

3. 楼梯钢筋绑扎要点

楼梯钢筋绑扎应保证主筋及分布筋的间距、保护层厚度,根据设计图纸主筋、分布筋的方向,先绑扎主筋后绑扎分布筋,每个交叉点均应绑扎,相邻绑扎点的绑丝扣要呈八字形,以免网片变形歪斜。如有楼梯梁,先绑扎梁筋再绑扎板筋,板筋要锚固到梁内,底板筋绑扎完毕后再绑扎负筋。

所有构件的吊环应按照规范及设计要求放置,埋入混凝土的深度不应小于 $30d$。

3.3.3 钢筋骨架验收

钢筋骨架分为焊接的钢筋网片骨架和绑扎的钢筋骨架。在模外制作的钢筋骨架应在入模前进行验收,在模内绑扎的钢筋骨架应在混凝土浇筑前进行验收。

1. 焊接钢筋网片骨架验收

(1)焊接钢筋网片骨架型号应与预制构件型号一致。

(2)焊接钢筋网片骨架的钢筋品种、型号、规格应满足设计要求,钢筋原材料的力学性能和重量偏差应合格。

(3)焊接钢筋网片骨架焊点开焊数量不应超过整张网片骨架交叉点总数的 1%,并且任意一根钢筋上开焊点不应超过该支钢筋上交叉点总数的一半。

(4)焊接钢筋网片骨架最外圈的钢筋上的交叉点不应开焊。

(5)钢筋焊接网片骨架纵向筋、横向筋间距应与设计要求一致,布筋间距允许偏差取 ±10 mm 和规定间距的 ±5% 者中的较大值。

(6)焊接钢筋网片骨架的长度和宽度允许偏差取 ±25 mm 和规定长度 ±5% 的较大值。

(7)焊接钢筋网片骨架的抗剪强度试验应合格。

2.绑扎的钢筋骨架验收

(1)绑扎的钢筋骨架型号应与预制构件型号一致。

(2)纵向受力钢筋的牌号、规格、数量、位置、长度应符合要求。

(3)箍筋、横向钢筋的牌号、规格、数量、间距、位置,箍筋弯钩的弯折角度及平直段长度应符合要求。

(4)钢筋连接方式、接头位置、接头质量、搭接长度应符合要求。

(5)受力钢筋沿长度方向的净尺寸允许偏差不得大于±10 mm,弯起钢筋的弯折位置偏差不得大于±20 mm,箍筋外廓尺寸允许偏差不得大于±5 mm。

(6)钢筋交叉点应满绑,相邻点的绑丝扣成八字形,绑丝头顺钢筋方向压平或朝向钢筋骨架内侧,绑扎应牢固。

(7)带滚丝接头的滚丝质量应合格。

3.3.4 钢筋入模操作规程

钢筋入模分为钢筋骨架整体入模(见图3.3.16)和钢筋半成品模具内绑扎(见图3.3.17)两种方式。具体采用哪种方式,应根据钢筋作业区面积、预制构件类型、制作工艺要求等因素确定。一般钢筋绑扎区面积较大,钢筋骨架堆放位置充足,预制构件无伸出钢筋或伸出钢筋少且工艺允许钢筋骨架整体入模的,应采用钢筋骨架整体入模方式;否则,应采用模具内绑扎的方式。钢筋模具内绑扎会延长整个工艺流程时间,所以条件允许的情况下应尽可能采用模外绑扎整体入模的方式,特别是流水线生产工艺更是如此。

图3.3.16 钢筋骨架整体入模

图3.3.17 钢筋半成品模具内绑扎

1.钢筋骨架整体入模操作规程

(1)钢筋骨架应绑扎牢固,防止吊运入模时变形或散架。

(2)钢筋骨架整体吊运时,宜采用吊架多点水平吊运(见图3.3.18),避免单点斜拉导致骨架变形。

(3)钢筋骨架吊运至工位上方,宜平稳、缓慢下降至模具最高处 300~500 mm。

(4)两名工人扶稳骨架并调整好方向后,缓慢下降吊钩,使钢筋骨架落入模具内,见图 3.3.19。

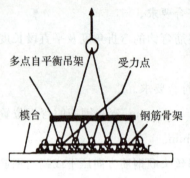

图 3.3.18　吊架多点水平吊运

图 3.3.19　钢筋骨架入模

(5)撤去吊具后,根据需要对钢筋骨架位置进行微调。

(6)在模具内绑扎必要的辅筋、加强筋等。

2.钢筋半成品模具内绑扎操作规程

(1)将需要的钢筋半成品运送至作业工位。

(2)在主筋或纵筋上测量并标示分布筋、箍筋位置。

(3)根据预制构件配筋图,将半成品钢筋按顺序排入模具内,确保各类钢筋位置正确。

(4)两名工人在模具两侧根据主筋或纵筋上的标示绑扎分布筋或箍筋。

(5)单层网片宜先绑四周再绑中间,绑中间时应在模具上搭设挑架;双层网片宜先绑底层再绑面层。

(6)面层网片应满绑,底层网片可四周两档满绑,中间间隔呈梅花状绑扎,但不得存在相邻两道未绑的现象。

(7)架起钢筋应绑扎牢固,不得松动、倾斜。

(8)绑丝头宜顺钢筋紧贴,双层网片钢筋头可朝向网片内侧。

(9)绑扎完成后,应清理模具内杂物、断绑丝等。

任务四　预埋件分类与加工

预埋件在装配式混凝土建筑中应用较多,由于装配式混凝土建筑原则上不允许砸墙凿洞,不宜用后锚固方式埋设展理件,所以规范地进行预埋件制作和安装就变得尤为重要。

3.4.1 预埋件分类

用于装配式混凝土建筑预制构件中的预埋件有两类：通用预埋件和专用预埋件。

1. 通用预埋件

通用预埋件是专业厂家制作的标准或定型产品，包括内埋式螺母、内埋式吊钉等。

2. 专用预埋件

专用预埋件是根据设计要求制作加工的预埋件，包括钢板（或型钢）预埋件、附带螺栓的钢板预埋件、焊接钢板预埋件、钢筋吊环、钢丝绳吊环、预埋螺栓等。专用预埋件的加工制作需要进行结构计算并绘制预埋件详图。

预埋件的用途以及可能需埋设的预制构件见表3-6。

表3-6 装配式混凝土建筑预埋件用途及可能需埋设的预制构件

阶段	预埋件用途	需埋设的预制构件	可选用预埋件类型						备注
			内埋式金属螺母、螺栓	内埋式塑料螺母、螺栓	内埋式吊钉	钢板预埋件（包括附带螺栓、焊接的钢板预埋件）	钢筋吊环	钢丝绳吊环	预埋螺栓
使用阶段（与建筑物同寿命）	构件连接固定	外挂墙板、楼梯板	√			√			√
	门窗安装	外墙板、内墙板	√						
	金属阳台护栏	外墙板、柱、梁	√	√					
	窗帘杆或窗帘盒	外墙板、梁	√	√					
	外墙水落管固定	外墙板、柱	√	√					
	装修用预埋件	楼板、梁、柱、墙板	√	√					
	较重的设备固定	楼板、梁、柱、墙板	√			√			
	较轻的设备、灯具固定		√	√					
	通风管线固定	楼板、梁、柱、墙板	√	√					

续表 3-6

阶段	预埋件用途	需埋设的预制构件	内埋式金属螺母、螺栓	内埋式塑料螺母、螺栓	内埋式吊钉	钢板预埋件（包括附带螺栓、焊接的钢板预埋件）	钢筋吊环	钢丝绳吊环	预埋螺栓	备注
	管线固定	楼板、梁、柱、墙板	✓	✓						
	电源、电信线固定	楼板、梁、柱、墙板		✓						
	脱模	预应力楼板、梁、柱、墙板	✓				✓	✓		
	翻转	墙板	✓							
	吊运	预应力楼板、梁、柱、墙板	✓		✓		✓			
	安装微调	柱	✓	✓						
	临时侧支撑	柱、墙板	✓							
	后浇混凝土模板固定	墙板、柱、梁	✓							无装饰的构件
	异形薄弱构件加固埋件	墙板、柱、梁	✓							
	脚手架或塔式起重机固定	墙板、柱、梁	✓			✓				无装饰的构件
	施工安全护栏固定	墙板、柱、梁	✓							无装饰的构件

避免预埋件遗漏需要各个专业协同工作，通过 BIM 建模的方式将设计、制作、运输、安装以及以后使用的场景进行模拟，做到全流程 BIM 设计及管理，以便能够有效地避免预埋件的遗漏。

3.4.2 预埋件加工制作

3.4.2.1 预埋件设计

专用预埋件设计内容应包括：

（1）按照设计详图中预埋件的材质、形状、尺寸下料剪裁制作。

（2）预埋件焊接部位应保证其焊接长度和焊缝高度满足要求。

（3）对预埋件外露部分进行承载力计算复核，如外露钢板、螺栓、吊环抗拉、抗压、抗剪强度复核和变形复核。

（4）长期使用的预埋件须进行防锈蚀处理。

（5）对安装节点预埋件的锚固长度进行设计。

3.4.2.2 预埋件加工制作

1. 钢板预埋件

钢板预埋件（见图3.4.1）是指预埋钢板和锚固钢筋组成的预埋件，预埋钢板称为锚板，焊接在锚板上的锚固钢筋称为锚筋。

依据设计详图，确定锚筋数量、位置后将锚筋焊接在已剪裁好的锚板上，并做镀锌防腐处理。锚板与锚筋的焊接质量是关键，应采用在锚板上钻孔后塞焊的方式进行焊接，并保证焊缝的高度和质量，焊接后应进行焊缝强度检查。

图3.4.1 钢板预埋件

图3.4.2 附带螺栓的钢板预埋件

钢板预埋件制作需满足规范误差的要求，预埋件锚板的边长允许偏差为(0，−5 mm)，预埋件锚板平整度允许偏差为(1 mm)，锚筋的长度允许偏差为(10，−5 mm)，锚筋的间距允许偏差为(±10 mm)。检测方法为用钢尺测量。

2. 附带螺栓的钢板预埋件

附带螺栓的钢板预埋件有两种组合方式，第一种是在锚板表面焊接螺栓（见图3.4.2），第二种是螺栓从钢板内侧穿出，在内侧与钢板焊接。

3. 钢筋吊环、钢丝绳吊环

钢筋吊环（见图3.4.3）和钢丝绳吊环（见图3.4.4）的设计和制作相对比较简单，主要是按照设计详图的尺寸弯折、剪裁，保证锚固长度的要求。

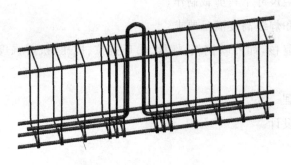
图 3.4.3 钢筋吊环示意图

图 3.4.4 钢丝绳吊环示意图

4. 预埋螺栓

预埋螺栓是指预埋在混凝土内的螺栓（见图3.4.5），可以直接埋设满足锚固长度要求的长镀锌螺栓，也可以在螺栓端部焊接锚固钢筋。当采用焊接方式时，应选用与螺栓和钢筋适配的焊条。预埋螺栓制作应按设计详图以求保证丝扣的锚固长度。

图 3.4.5 预埋螺栓

装配式建筑使用的预埋螺栓包括预制楼梯和预制外挂墙板安装用的螺栓，宜选用高强度螺栓或不锈钢螺栓，高强度螺栓应符合现行行业标准《钢结构高强度螺栓连接技术规程》(JCJ 82－2001)的要求。

3.4.2.3 预埋件加工制作要点

预埋件加工制作注意要点包括以下几方面。

(1) 预埋件下料加工后的尺寸应满足设计详图要求。

(2) 预埋件加工制作所用钢材的物理及力学性能应符合设计要求。

(3) 预埋件加工制作所用焊条性能应符合设计要求。

(4) 预埋件的焊接质量须满足规范要求。

(5) 当预埋件为本厂加工时，应当由技术部门进行技术交底，由质量部门对生产过程进行质量控制和验收检查。

(6)委托加工的预埋件要在合同中约定材质要求、技术要求及质量标准,入厂时须进行检查验收。

3.4.2.4 预埋件防腐防锈处理

对于裸露在外的预埋件,一定要按照设计要求进行防腐防锈处理。在对预埋件进行防腐防锈处理时,要注意以下几点。

(1)预埋件防腐防锈处理应在预埋件所有焊接工艺完成后进行,不能先镀锌后焊接。

(2)防腐防锈处理要有设计要求,包含防锈镀锌工艺、材料及厚度等。

(3)预埋件在运输过程中要注意保护,防止对镀锌层破坏。

防腐防锈处理完成的成品预埋件参见图3.4.6。

图 3.4.6　成品预埋件

3.4.2.5 预埋件验收

1. 预埋件检验方法

(1)预埋件的验收应按照图纸设计要求进行全数检验。

(2)无论对外委托加工的预埋件,还是自己工厂加工的预埋件,都应当由质检员进行检验,合格后方可使用。

(3)对外委托加工的预埋件需要厂家提供材质单及质量证明书,必要时应进行材质检验。

(4)预埋件检验要填写检验记录。

2. 预埋件外观检查

(1)焊接而成的预埋件要对焊缝进行检查。

(2)有防腐防锈要求的预埋件要对镀锌层进行检查。

3. 预埋件允许偏差

预埋件加工允许偏差应符合表3-7的规定。

表 3-7 预埋件加工允许偏差

项次	项目		允许偏差	检验方法
1	预埋件锚板的边长		0,-5	用钢尺测量
2	预埋件锚板平整度		1	用钢尺和塞尺测量
3	锚筋	长度	10,-5	用钢尺测量
		间距偏差	±10	用钢尺测量

3.4.3 套筒入模操作规程

套筒可以随钢筋骨架整体入模,也可以单独入模安装。

1. 套筒随钢筋骨架整体入模操作规程

(1)绑扎带套筒的钢筋骨架应有专用的绑扎工位和套筒定位端板,见图3.4.7。

(2)按要求绑扎钢筋骨架,套筒端部应在端板上定位,套筒角度应确保与模具垂直。伸入全灌浆套筒的钢筋应插入到套筒中心挡片处,钢筋与套筒之间的橡胶圈(见图3.4.8)应安装紧密。半灌浆套筒应预先将已辊轧螺纹的连接钢筋与套筒螺纹端按要求拧紧后再绑扎钢筋骨架。对连接钢筋,需提前检查镦粗、剥肋、辊轧螺纹的质量,避免未镦粗直接辊轧螺纹削减了钢筋断面。

图 3.4.7　绑扎带套筒的钢筋骨架　　　　图 3.4.8　橡胶圈

(3)拆除定位挡板后,将整个钢筋骨架吊运至模具工位。

(4)两名工人扶稳骨架并调整好方向后,缓慢下降吊钩,使钢筋骨架落入模具内。

(5)适当调整钢筋骨架位置,根据工艺要求将套筒与模具进行连接安装。

2. 全灌浆套筒单独入模操作规程

(1)将套筒一端牢固安装在端部模板上,套筒角度应确保与模板垂直。

(2)从对面模板穿入连接的钢筋,套入需要安装的箍筋或装入其他钢筋,并调整其与模具内其他钢筋的相对位置。

(3)在钢筋穿入的一端套入橡胶圈,橡胶圈距钢筋端头的距离应大于套筒长度的1/2。

(4)将钢筋端头伸入套筒内,直至接触套筒中心挡片。

(5)调整钢筋上的橡胶圈,使其紧扣在套筒与钢筋的空隙处,扣紧后橡胶圈应与套筒端面齐平。

(6)将连接套筒的钢筋与模具内其他相关的钢筋绑扎牢固。

(7)套筒与钢筋连接的一端宜与箍筋绑扎牢固,防止后续作业时松动。

3.4.4　预埋波纹管或预留盲孔的操作要点

有些预制构件会采用预埋波纹管或预留盲孔的形式,以方便现场后期的结构连接和安装。在作业时应特别注意以下几点:

(1)应采用专用的定位模具对波纹管或螺纹盲管进行定位。

(2)定位模具安装应牢固可靠,不得移位或变形,应有防止定位垂直度变化的措施。

(3)宜先安装定位模具、波纹管和螺纹盲管,再绑扎钢筋,避免钢筋绑扎后造成波纹管和螺纹盲管安装困难。

(4)波纹管外端宜从模板定位孔穿出并固定好,内端应有效固定,做好密封措施,避免浇筑时混凝土进入。螺纹盲管上应涂好脱模剂。

3.4.5　预埋件入模操作规程

预埋件通常是指吊点、结构安装或安装辅助用的金属件等。较大的预埋件应先于钢筋骨架入模或与钢筋骨架一起入模,其他预埋件一般在最后入模。预埋件入模应按下列要求进行操作:

(1)预埋件安装前应核对类型、品种、规格、数量等,不得错装或漏装。

(2)应根据工艺要求和预埋件的安装方向正确安装预埋件,倒扣在模台上的预埋件应在模台上设定位杆,安装在侧模上的预埋件应用螺栓固定在侧模上(见图3.4.9),在预制构件浇筑面上的预埋件应采用工装挑架固定安装(见图3.4.10)。

图3.4.9　预埋件固定在侧模上

图3.4.10　预埋件固定在挑架上

(3)安装预埋件一般宜遵循先主后次、先大后小的原则。

(4)预埋件安装应牢固且须防止位移,安装的水平位置和垂直位置应满足设计及规范要求。

(5)底部带孔的预埋件,安装后应在孔中穿入规格合适的加强筋,加强筋的长度应在预埋件两端各露出不少于 150 mm,并防止加强筋在孔内左右移动,见图 3.4.11。

(6)预埋件应逐个安装完成后再一次性紧固到位,见图 3.4.12。

图 3.4.11 预埋件底部穿入加强筋

图 3.4.12 紧固预埋件

(7)防雷引下线(常称为避雷扁铁)应采用热镀锌扁铁,安装时应按设计和规范要求与预制构件主筋有效焊接,并与门窗框的金属部位有效连接,其冲击接地电阻不宜大于 10 Ω。

3.4.6 钢筋间隔件作业要求

钢筋入模完成后,应进行安装钢筋间隔件作业。安装钢筋间隔件的目的是确保钢筋的混凝土保护层厚度符合设计要求,使预制构件的耐久性能达到结构设计的年限要求。钢筋间隔件作业要求如下。

(1)根据需要,选择种类、材质、规格合适的钢筋间隔件。常用的间隔件有水泥间隔件(见图 3.4.13)和塑料间隔件(见图 3.4.14)。

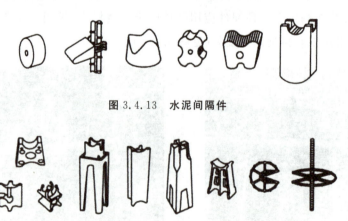

图 3.4.13 水泥间隔件

图 3.4.14 塑料间隔件

（2）钢筋间隔件应根据制作工艺要求在钢筋骨架入模前或入模后安装,可以绑扎(见图 3.4.15)或卡在钢筋上(见图 3.4.16)。

图 3.4.15　间隔件绑扎在钢筋上

图 3.4.16　间隔件卡在钢筋上

（3）间隔件的数量,应根据配筋密度、主筋规格、作业要求等因素综合考虑,一般每平方米范围内不应少于 9 个,见图 3.4.17。

图 3.4.17　钢筋间隔件布置

（4）在混凝土下料位置,宜加密布置间隔件;在钢筋骨架悬吊部位,可适当减少间隔件。
（5）钢筋间隔件应垫实并绑扎牢固。
（6）倾斜、变形、断裂的间隔件应更换。

3.4.7　线盒、线管入模操作规程

线盒、线管在预埋件安装完成后入模安装。

（1）预处理线盒、线管:线盒内塞入泡沫(见图 3.4.18),线管按需要进行弯管后用胶带封头(见图 3.4.19)。

图3.4.18 线盒中塞入泡沫

图3.4.19 线管端头封堵

（2）按要求将线盒固定在底模或固定的工装架上，常用的线盒固定方式有压顶式（见图3.4.20）、芯模固定式、绑扎固定式（见图3.4.21）、磁吸固定式（见图3.4.22）等。

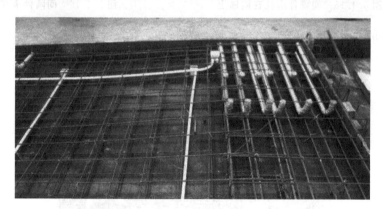
图3.4.20 压顶式

图3.4.21 绑扎固定式

图3.4.22 磁吸固定式

（3）按需要打开线盒侧面的穿管孔，安装好锁扣后，将线管一头伸入锁扣与线盒连接牢固，线管的另一头伸入另一个线盒或者伸出模具外，伸出模具外的线管应注意保护，防止从根部折断，见图3.4.23。

(4)将线管中部与钢筋骨架进行绑扎固定,见图 3.4.24。

图 3.4.23　线管伸出端头封堵

图 3.4.24　线管中部绑扎

3.4.8　预制混凝土板钢筋及预埋件施工技术要点

1. 工艺流程

清理模板—模板上弹线—绑扎板下受力钢筋—绑扎板上负弯矩钢筋。

2. 施工前准备

清理模板上的杂物,按间距在模板上逐根弹好钢筋位置线。按画好的间距先摆主筋,与设备、电气工种做好配合工作,预留孔洞及时安装。

3. 绑扎板筋

绑扎板筋时采用顺扣或八字扣,该板为双向、双层钢筋,两层之间须加钢筋马凳以确保上部钢筋的位置,马凳成梅花形布置,所有钢筋形成的每个相交点均要绑扎。

桁架叠合板在钢筋入模后,应采用专用工装进行固定,防止钢筋移位。吊点位置的加强筋应采用通长钢筋并满绑,保证设计要求。

4. 钢筋位置

预制混凝土板一般下部钢筋短跨在下,长跨在上;上部钢筋短跨在上,长跨在下。接头位置上部钢筋在跨中 1/3 处,也可以搭接;下部钢筋在下支座 1/3 处,也可以锚固入梁内并应满足锚固长度,焊接接头位置要保证 50% 的截面比例。如果搭接比例为 100%,则搭接长度为 1.4d。

板筋的起步筋位置取板受力钢筋间距的一半,从梁外侧钢筋外侧开始算起,一般做法是取梁侧模外 5 cm。

从设计角度来讲,当楼板厚度大于 150 mm 时,一般建议采用上下上层配筋的。因为楼板厚度大的情况下,通常在设计时要考虑上部跨中负弯矩的作用,虽然理论上没有跨中负弯矩,但是考虑现场的施工实际情况(支模、施工时人为因素等),上部也要配置钢筋。布置双向钢筋时,短跨是计算跨度,也就是主受力方向(当然这也要取决于板的长宽比,当长宽比接近于1∶1时,双向配筋是差不多的),因此主受力筋应当配置在外侧。

5. 板上开洞

(1)圆洞或方洞垂直于板跨方向的边长小于 300 mm 时,可将板的受力钢筋绕过洞口,不必加固。

(2)当 300 mm≤D≤1000 mm 时,应沿洞边每侧配置加强钢筋,其面积不小于洞口宽度内被切断的受力钢筋面积的 1/2,且不小于 2A10。

(3)当 D>300 mm 且孔洞周边有集中荷载时或 D>1000 mm 时,应在孔洞边加设边梁。

3.4.9　预制混凝土剪力墙钢筋、预埋件施工技术要点

1. 连接接头

位于混凝土内的钢筋套筒灌浆连接、钢筋约束浆锚搭接连接接头的预留钢筋位置应准确,外露长度符合设计要求且不得弯曲;应采用可靠的保护措施,防止钢筋污染、偏移、弯曲。

2. 钢筋定位

钢筋下料必须严格按照设计图纸及下料单要求制作,首件钢筋制作,必须通知技术、质检及相关部门检查验收,制作过程中应当定期、定量检查,对于不符合设计要求及超过允许偏差的一律不得绑扎,按废料处理。纵向钢筋(带灌浆套筒)及需要套丝的钢筋,不得使用切断机下料,必须保证钢筋两端平整,套丝长度、丝距及角度必须严格按照图纸设计要求,纵向钢筋(带灌浆套筒)需要套大丝,梁底部纵筋(直螺纹套筒连接)需要套国标丝,套丝机应当指定专门且有经验的工人操作,质检人员不定期进行抽检。

位于混凝土内的连接钢筋应埋设准确,锚固方式应符合设计要求。构件交接处的钢筋位置应符合设计要求。当设计无具体要求时,剪力墙中水平分布钢筋宜放在外侧,并宜在墙端弯折锚固。

位于混凝土内的钢筋套筒灌浆连接接头的预留钢筋应采用专用定位模具对其中心位置进行控制,应采用可靠的绑扎固定措施对连接钢筋的外露长度进行控制。

定位钢筋中心位置存在细微偏差时,采用套管方式进行细微调整。定位钢筋中心位置存在严重偏差影响预制构件安装时,应会同设计单位制定专项处理方案,严禁切割、强行调整定位钢筋。预留于预制构件内的连接钢筋应防止弯曲变形,并在预制构件吊装完成后,对其位置进行校核与调整。

3. 灌浆套筒连接安装

预制工厂灌浆套筒连接、安装生产工艺如图 3.4.25 所示。

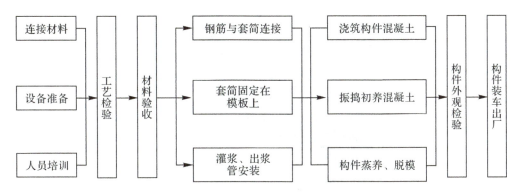

图 3.4.25 预制工厂灌浆套筒连接、安装生产工艺

预制剪力墙在工厂预制加工阶段,是将一端钢筋与套筒进行连接或预安装,再与构件的钢筋结构中其他的钢筋连接固定,套筒侧壁接灌浆、排浆管,引到预制构件模板外,然后浇筑混凝土,将连接钢筋、套筒预埋在构件内(见图 3.4.26)。

图 3.4.26 预制混凝土剪力墙钢筋骨架

4. 材料进场验收

1) 接头工艺检验

工艺检验一般应在构件生产前进行,应对不同钢筋生产企业的进场钢筋进行接头工艺检验;每种规格钢筋应制作 3 个灌浆套筒连接接头试件;每个接头试件的抗拉强度和 3 个接头试件残余变形的平均值应符合《钢筋套筒灌浆连接应用技术标程》(JGJ 355—2015)的相关规定;施工过程中,如更换钢筋生产企业,或钢筋外形尺寸与已完成工艺检验的钢筋有较大差异时,应补充工艺检验。

工艺检验应模拟施工条件制作接头试件,并按接头提供单位提供的施工操作要求进行。第一次工艺检验中 1 个试件抗拉强度或 3 个试件的残余变形平均值不合格时,可再取相同工艺参数的 3 个试件进行复检(见图 3.4.27),复检仍不合格判为工艺检验不合格。工艺检验合格后,钢筋与套筒连接加工工艺参数应按该确认的参数执行。

图 3.4.27　灌浆接头连接钢筋丝头质量检验

2) 套筒材料验收

资质检验：套筒生产厂家出具套筒出厂合格证、材质证明书、型式检验报告等。

外观检查：检查套筒外观以及尺寸。

检查数量：同一批号、同一类型、同一规格的灌浆套筒，不超过1000个为一批，每批随机抽取10个。

检验方法：观察法，尺量检查法。

抗拉强度检验：每1000个同批灌浆套筒抽取3个，采用与施工相同的灌浆料，模拟施工条件，制作接头抗拉试件。

5. 钢筋与套筒连接

全灌浆套筒在预制工厂钢筋与套筒不连接，只需要安装到位；半灌浆套筒，钢筋需要与套筒螺纹一端连接，并达到规定质量要求。

(1) 全灌浆套筒接头预埋连接钢筋安装。全灌浆套筒接头用钢筋可以直接插入灌浆套筒预制端，当灌浆套筒固定在构件模具上后，钢筋应插入到套筒内规定的深度，然后固定。

(2) 半灌浆套筒连接钢筋的直螺纹丝头加工。丝头参数应满足厂家提供的作业指导书规定要求。使用螺纹环规检查钢筋丝头螺纹直径：环规通端丝头应能顺利旋入，止端丝头旋入量不能超过 $3P$ (P 为丝头螺距)，使用直尺检查丝头长度。目测丝头牙型，不完整牙累计不得超过2圈。操作者100%自检，合格的报验，不合格的切掉重新加工。

(3) 钢筋丝头与半灌浆套筒的连接。用管钳或扳手拧钢筋，将钢筋丝头与套筒螺纹拧紧连接，拧紧后钢筋在套筒外露的丝扣长度应大于0扣，且不超过1扣。质检抽检比例为10%。连接好的钢筋应分类整齐码放。

(4) 灌浆套筒固定在模板上。将连接钢筋按构件设计布筋要求进行布置，绑扎成钢筋笼，灌浆套筒安装或连接在钢筋上。钢筋笼吊放在预制构件平台上的模板内，将套筒外侧一端靠紧预制构件模板，用套筒专用固定件进行固定（固定精度非常重要）。橡胶垫应小于灌浆套筒内径，且能承受蒸养和混凝土放热后的高温,反复压缩使用后能恢复外径尺寸。套筒固定后,检查套筒端面与模板之间有无缝隙,保证套筒与模板端面垂直。

(5)灌浆管、出浆管安装。将灌浆管、出浆管插在套筒灌、排浆接头上,并插入到要求的深度。灌浆管、出浆管的另一端引到预制构件混凝土表面。可用专用密封(橡胶)堵头或胶带封堵好端口,以防浇筑构件时管内进浆。连接管要绑扎固定,防止浇筑混凝土时移位或脱落(图3.4.28)。

图 3.4.28　灌浆管、出浆管的安装与密封措施

(6)构件外观检验。检查灌浆套筒位置是否符合设计要求的方法有肉眼观察法、钢尺测量法等,检查标准包括:套筒及外露钢筋中心位置偏差(+2 mm,0);外露钢筋伸出长度偏差(+10 mm,0)。检查套筒内腔及灌、出浆管路有无泥浆和杂物侵入,灌、出浆管的数量和位置应符合要求。

半灌浆套筒可用光照肉眼观察;直管采用钢棒探查;软管弯曲管路用液体冲灌,以出水状况和压力判断检查。全灌浆套筒需用专用检具。

3.4.10　预制混凝土楼梯钢筋、预埋件施工技术要点

1. 钢筋配料

预制混凝土楼梯的钢筋配料必须严格按照图纸设计及下料单要求制作,对应相应的规格、型号及尺寸进行加工。制作过程中应当定期、定量检查,对于不符合设计要求及超过允许偏差的一律不得绑扎,按废料处理。

2. 钢筋绑扎

预制混凝土楼梯的钢筋严格按照图纸要求进行绑扎,绑扎时应注意钢筋间距、数量、保护层

等。绑扎过程中,对于尺寸、弯折角度不符合设计要求的钢筋不得绑扎。楼梯钢筋绑扎过程中,应注意受力钢筋在下,分布钢筋在上。楼梯梯段板为非矩形时,钢筋分布应沿结构法线方向,间距控制应以结构长边尺寸作为控制依据。

根据设计图纸主筋、分布筋的方向,先绑扎主筋后绑扎分布筋,每个交叉点均应绑扎,相邻绑扎点的铁丝扣要呈八字形,以免网片变形歪斜。梁式楼梯,先绑梁筋后绑板筋。梁筋锚入长度及板筋锚入梁内长度应根据设计要求确定。主筋接头数量和位置均要符合施工及验收规范要求。

需要预留孔洞时,应当根据要求绑扎加强筋。钢筋骨架尺寸应准确,骨架吊装时应采用专用吊架,防止骨架产生变形。在钢筋绑扎过程中和钢筋绑扎好后,不得在已绑好的钢筋上行人、堆放物料或搭设跳板,以免影响结构强度和使用安全。

3. 预埋件安装

施工过程中,各专业人员之间协调配合,保证孔洞及埋件的位置标高、尺寸、标准,避免事后剔凿开洞,影响楼梯质量。在浇筑混凝土前进行检查、整修,保证钢筋位置准确不变形。

3.4.11 预埋件、预埋物安装时发生冲突的处理

在安装时,预埋件、预埋物相互之间或与钢筋之间有时会发生冲突而造成无法安装,或虽然能安装但因间距过小而影响后期混凝土作业的情况。碰到这样的情况时,一般可按如下方法处理。

1. 预埋件、预埋物与非主筋发生冲突时

预埋件、预埋物与非主筋发生冲突时,一般适当调整钢筋的位置或对钢筋发生冲突的部位进行弯折,使其避开预埋件或预埋物,见图3.4.29。

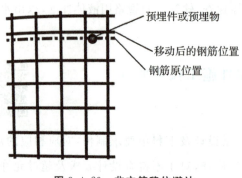
图 3.4.29　非主筋移位避让

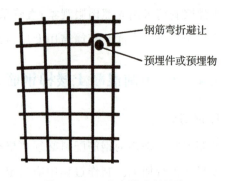
图 3.4.30　非主筋弯折避让

2. 预埋件、预埋物与主筋发生冲突时

预埋件、预埋物与主筋发生冲突时,可弯折主筋避让(见图3.4.30),或联系设计单位给出

方案。

3. 预埋件与预埋物发生冲突时

预埋件与预埋物发生冲突时,应联系设计单位给出方案。

4. 间距过小时

当预埋件、预埋物安装后造成相互之间或与钢筋之间间距过小,可能影响混凝土流动或包裹时,应联系设计单位给出方案。

任务五　质量问题及预防措施

3.5.1　钢筋原材料进场验收和存放环节常见问题

1. 问题描述

(1)钢筋进场时缺少出厂合格证,进场后验收部门未按规格、批量取样复试,或复试报告不全。

(2)钢筋混放,不同规格或不同厂家的钢筋混放不清,见图3.5.1。

(3)钢筋严重锈蚀或污染,如图3.5.2所示。

图3.5.1　钢筋混放

图3.5.2　钢筋锈蚀

2. 原因分析

(1)钢筋进场时,收料员没有核对材质证明。

(2)未及时按规定进行取样复试,或复试合格后的试验报告未及时存档。

(3)钢筋露天混放,受雨雪侵蚀或环境潮湿、通风不良影响,存放期过长,导致钢筋生锈。

(4)管理上虽有规章制度,但形同虚设。

3. 预防措施和处理方法

1) 钢筋进场验收和复试环节问题的预防措施

(1) 钢筋进入仓库或现场时,应由专人检查验收,检查送料单和出厂材质证明,做到证随物到、证物相符,并核验品种、等级、规格、数量、外观质量是否符合要求。

(2) 到场钢筋应及时按规定分等级、规格、批量等要求,取样进行力学性能试验。

(3) 复试取样或试验时严格按照技术要求操作。

(4) 试验报告与材料证明等资料应及时归入技术档案存查。

2) 钢筋存放环节问题的预防措施

(1) 钢筋应存放在仓库或料棚内,保持地面干燥。

(2) 钢筋不得直接堆置在地面上,必须用混凝土墩、垫木等垫起,离地宜 300 mm 以上,如图 3.5.3 和图 3.5.4 所示。

图 3.5.3　钢筋分类堆放

图 3.5.4　钢筋半成品临时堆放

(3) 露天堆放时,应选择地势较高、地面干燥的场地,四周要有排水措施。

(4) 按不同厂家、不同等级、不同规格和批号分别堆放整齐,并建立标牌进行标识,每捆钢筋的标识应设置在明显处。

3) 钢筋锈蚀与污染的预防措施和处理方法

(1) 钢筋进场后,应尽量缩短存放期,先进场的先用,防止和减少钢筋的锈蚀。

(2) 将钢筋表面的油渍、漆渍及浮皮、铁锈等清除干净,检验合格方能投入使用。

(3) 钢筋严重锈蚀,如表面锈蚀出现脱皮、麻坑等情况,可通过试验的方法确定钢筋强度,确定是否降级使用或剔除不用。

3.5.2　钢筋加工环节问题

1. 问题描述

(1) 钢筋下料前未将锈蚀钢筋进行除锈,导致返工。

(2)钢筋下料后尺寸不准、不顺直,切口呈马蹄状等,如图 3.5.4 所示。

(3)钢筋末端需做 90°、135°或 180°弯折时,弯曲直径不符合要求或弯钩平直段长度不符合要求。

(4)箍筋尺寸偏差大,变形严重,拐角未弯折成 90°,两对角线长度不等,弯钩长度不符合要求,如图 3.5.5 所示。

图 3.5.4　钢筋不顺直

图 3.5.5　箍筋弯曲角度不准

2. 原因分析

(1)配料尺寸有误,下料时尺寸误差大,画线方法不对,下料不准。

(2)一次切断根数偏多或切断机刀片间隙过大,使端头歪斜不平(马蹄形)。

(3)弯钩平直段长度、弯曲直径等数据选择错误。

(4)箍筋成型时工作台上画线尺寸误差大,没有严格控制弯曲角度,一次弯曲多个箍筋时没有逐根对齐。

3. 预防措施和处理方法

(1)应对操作班组进行详细的书面交底,提出质量要求。操作人员必须持证上岗,熟知钢筋力学性能和操作规程。

(2)落实钢筋的翻样工作,认真计算确定钢筋的实际下料长度。

(3)钢筋批量断料、成型前,先试着弯曲成型,做出样板,复核无误后,再批量加工。

(4)下料时控制好尺寸,调整好切断机的刀片间隙等,一次切断根数适当,防止端头歪斜不平。切断过程中,如发现钢筋有劈裂、缩头或严重的弯头等问题时,必须逐一切除,将问题解决。

3.5.3　钢筋的骨架尺寸偏差严重

1. 问题描述

钢筋骨架入模后,尺寸出现严重偏差,保护层过大或过小,有些钢筋的间距超过标准规定的要求。

2. 原因分析

(1) 钢筋翻样时，钢筋外形下料尺寸不符合图纸的要求。

(2) 钢筋半成品成型加工质量不合格，成型时骨架尺寸已经发生了变化。

3. 预防措施和处理方法

(1) 为防止钢筋骨架尺寸偏差超过允许值，从钢筋翻样开始，就要高度重视，认真阅读图纸内容，确保钢筋翻样准确无误。

(2) 加强钢筋弯曲成型和钢筋骨架成型的质量控制，可采用高精度机械进行钢筋半成品加工。

(3) 钢筋骨架成型采用专门的钢筋尺寸定位成型架，钢筋绑扎或焊接必须牢固，加工参见图 3.5.6 和图 3.5.7。

图 3.5.6　柱钢筋绑扎定位架　　　　图 3.5.7　梁钢筋绑扎定位架

(4) 对制作过程中发现的钢筋偏位问题，应当及时整改，没有达到标准要求的绝不能进入下一道工序。

(5) 对已经形成的钢筋偏位，能够复位的尽量复位，确实无法满足结构要求的，必须进行返工重做。

3.5.4　预埋件放置位置偏差严重

1. 问题描述

预埋件（灌浆套筒、预埋铁、连接螺栓等）位置偏差过大，直接影响构件的安装，甚至给结构安全带来严重的危害，参见图 3.5.8 和图 3.5.9。

图 3.5.8　预埋件偏位　　　　　　图 3.5.9　预埋件倾斜

2.原因分析

(1)预埋件未用工装架定位牢固。

(2)混凝土浇筑过程中预埋件跑位。

(3)预埋件在混凝土终凝前没有进行二次矫正。

(4)技术交底不到位,过程检验不严谨,导致预埋件偏位。

3.预防措施和处理方法

1)根据预埋件具体情况,采用相应的固定措施并进行技术交底和过程检查

(1)灌浆套筒必须采用定位套件。

(2)预埋件在深化设计阶段,应用 BIM 技术进行构件钢筋之间、钢筋与预埋件预留孔洞之间的碰撞检查。

(3)固定预埋件的措施应可靠有效,定期校正工装变形。

(4)浇筑混凝土之后要专门安排工人对预埋件进行复位。

(5)严格执行检验程序。对施工过程中发现的预埋件偏位问题,应当及时整改,未达到标准要求的不能进入下一道工序。

2)对已经成型的预埋件偏位,测量准确数据后,根据不同情况分别处理

(1)提请设计和监理复核,在满足结构安全和使用功能的前提下,考虑是否可以降低标准(让步接收),或者制订专项替代方案或补救方案。

(2)确实无法满足结构安全或使用要求的,对构件做报废处理,返工重做。

3.5.5　保护层垫块安放常见问题与预防措施

1.问题描述

预制构件脱模后,明显地看到钢筋裸露在混凝土表面,这种缺陷会影响构件的耐久性,埋下

结构安全隐患。钢筋保护层厚度过小或不合格,主要是由钢筋偏位导致的,必须进行处理。钢筋保护层厚度看似小问题,但一旦发生很难处理,而且往往是大面积、系统性的,应当引起足够的重视。

2.原因分析

(1)浇筑混凝土时,钢筋保护层垫块移位。

(2)保护层垫块太少或漏放,致使钢筋紧贴模具导致外露,见图3.5.10。

(3)保护层垫块放置反了,见图3.5.11。

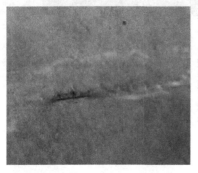

图3.5.10 预制构件表面露筋

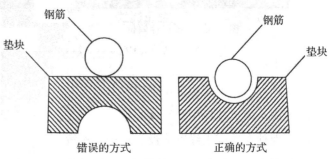

图3.5.11 保护层垫块放置反了

3.预防措施和处理方法

(1)明确钢筋的保护层厚度,选择合适类型和尺寸的保护层垫块。

(2)垫块位置设置准确,垫块要垫足而且要固定住。

(3)对挂在侧面的混凝土垫块要用铁丝绑扎牢固。特殊部位选用专门的保护层垫块,悬挂绑扎在钢筋上,防止脱落,见图3.5.12。

图3.5.12 保护层垫块

(4)加强过程检查,发现问题及时整改。

3.5.6 钢筋、预埋件拥堵影响混凝土浇筑

1. 原因分析

(1)因深化设计考虑施工需要做钢筋避让,局部钢筋较为密集,间隙小,影响混凝土浇筑,见图3.5.13。

(2)栏杆埋件未综合考虑构件空间狭窄,导致埋件锚筋与钢筋骨架发生碰撞,如图3.5.14所示。

图3.5.13 钢筋密集影响混凝土浇筑

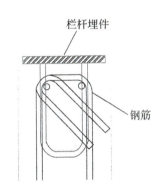

图3.5.14 栏杆埋件与钢筋发生碰撞

2. 预防措施与处理方法

(1)在预制构件制作图阅读、会审过程中要谨慎核对图纸内容的完整性,对发现的问题要逐条予以记录,并及时和设计、施工、监理、业主等单位沟通解决,经设计和业主单位确认答复后方能开展下一步的工作。

审图过程中除上述内容,还应重点注意以下问题:①构件脱模、翻转、吊装和临时支撑等预埋件设置的位置是否合理?②预埋件、主筋、灌浆套筒、箍筋等材料的相互位置是否会"打架",或因材料之间的间隙过小而影响到混凝土的浇筑?③构件会不会因预埋件、主筋、灌浆套筒、箍筋等材料的位置不当而导致构件开裂?

(2)发生预埋件与钢筋碰撞的情况,应在遵循确保结构安全的原则下,优先保证预埋件尺寸、位置精确,适当调整钢筋间距。确实有无法避开的情况时,应提请设计方和相关专业单位进行复核调整。

课后题

一、选择题

1. 钢筋连接灌浆套筒是通过( )的传力作用将钢筋对接连接所用的金属套筒。
 A. 水泥基灌浆料 B. 石灰灌浆料 C. 石膏灌浆料 D. 混凝土灌浆料

2. 钢筋连接灌浆套筒按照结构形式分类,分为(　　)和全灌浆套筒。
   A. 1/4 灌浆套筒　　　B. 小部分灌浆套筒　　　C. 半灌浆套筒　　　D. 大部分灌浆套筒

3. 热轧钢筋应分批验收,在每批钢筋中任选两根钢筋,每根钢筋取两个试样分别进行拉伸和(　　)。
   A. 冷拉试验　　　B. 焊接试验　　　C. 化学成分检验　　　D. 冷弯试验

4. 钢筋应尽量储存在仓库或料棚内,钢筋堆下应有垫木,使钢筋离地不小于(　　)mm。
   A. 100　　　B. 20　　　C. 200　　　D. 50

5. 热轧钢筋做力学性能检验的抽样方法以同规格、同炉罐(批)号的不多于(　　)的钢筋为一批。
   A. 50 t　　　B. 60 t　　　C. 70 t　　　D. 80 t

6. 灌浆套筒进场后,抽取套筒采用与之匹配的灌浆料制作对中连接接头,进行(　　)检验。
   A. 抗压强度　　　B. 抗扭强度　　　C. 抗剪强度　　　D. 抗拉强度

7. 预制楼板上圆洞或方洞垂直于板跨方向的边长 $D>$(　　)mm 且孔洞周边有集中荷载时或 $D>1000$ mm 时,应在孔洞边加设边梁。
   A. 300　　　B. 400　　　C. 500　　　D. 600

8. 绑扎板筋时采用顺扣或八字扣,该板为双向、双层钢筋,两层之间须加钢筋马凳以确保上部钢筋的位置,马凳成(　　)布置,所有钢筋每个相交点均要绑扎。
   A. 之字型　　　B. 梅花型　　　C. 十字型　　　D. 一字型

9. 叠合板板侧的整体式接缝处由于有应力集中情况,宜将接缝设置在叠合板的次要受力方向上且宜避开(　　)。
   A. 最大拉力截面　　　B. 最大扭矩截面　　　C. 最大剪力截面　　　D. 最大弯矩截面

10. 半灌浆接头是连接套筒与一端钢筋采用灌浆连接方式连接,而另一端采用(　　)方式连接。
    A. 焊接　　　B. 机械连接　　　C. 绑扎　　　D. 搭接

11. 为保证套筒内灌浆料对钢筋的锚固能力,灌浆套筒灌浆连接端钢筋锚固长度不宜小于(　　)倍钢筋直径。
    A. 5　　　B. 6　　　C. 7　　　D. 8

12. 外挂墙板与主体结构宜采用(　　),连接节点应具有足够的承载力和适应主体结构变形的能力,并应采取可靠的防腐、防锈和防火措施。
    A. 刚性连接　　　B. 柔性连接　　　C. 韧性连接　　　D. 脆性连接

13. 下列关于预制构件预埋件的允许偏差的说法错误的是(　　)
    A. 预留孔的允许偏差值为 5 mm　　　B. 预埋件的允许偏差为 10 mm
    C. 预留钢筋数量允许偏差为 5 mm　　　D. 预留洞的允许偏差为 15 mm

二、简答题

1. 什么是钢筋连接灌浆套筒？分为哪几类？
2. 预制混凝土剪力墙钢筋工程施工流程是什么？
3. 什么是钢筋配料？
4. 直钢筋、弯起钢筋和箍筋配料计算的方法是什么？
5. 钢筋连接套筒、预埋件怎样定位？
6. 钢筋代换的方法有哪些？
7. 预制混凝土板钢筋及预埋件的施工技术要点有哪些？
8. 预制混凝土楼梯钢筋及预埋件的施工技术要点有哪些？

项目四 预制混凝土构件混凝土制作与浇筑

思政小课堂

专注。专注就是内心笃定而着眼于细节的耐心、执著、坚持的精神,这是一切"大国工匠"所必须具备的精神特质。从中外企业实践经验来看,工匠精神都意味着一种执著,即几十年如一日的坚持与韧性。"术业有专攻",一旦选定行业,就一门心思扎根下去,心无旁骛,在一个细分产品上不断积累优势,在各自领域成为"领头羊"。中国早就有"艺痴者技必良"的说法,如《庄子》中记载的技术游刃有余的"庖丁解牛"、《核舟记》中记载的奇巧人王叔远等。

任务描述

构件生产厂技术员赵某接到某工程预制混凝土剪力墙外墙的构件制作和混凝土浇筑任务,其中标准层是一块带一个窗洞的矮窗台外墙板,选用了标准图集《预制混凝土剪力墙外墙板》15G365-1 中编号为 WQCA-3028-1516 的外墙板。该外墙板所属工程的结构及环境特点如下:

该工程为政府保障性住房,位于××西侧,××北侧,××南侧,××东侧。工程采用装配整体式混凝土剪力墙结构体系,预制构件包括:预制夹心外墙、预制内墙、预制叠合楼板、预制楼梯、预制阳台板及预制空调板。该工程地上 11 层,地下 1 层,标准层层高 2.8 m,抗震设防烈度 7 度,结构抗震等级三级。外墙板按环境类别一类设计,厚度为 200 mm,建筑面层为 50 mm,采用混凝土强度等级为 C30,坍落度要求 35~50 mm。

赵某现需要结合已绑扎完成的外墙板 WQCA-3028-1516 钢筋及准备好的模具进行该外墙板的制作和混凝土的浇筑。

学习方法

抓核心:遵循"熟练识图—精准施工—质量管控—组织验收"知识链。

重实操:不仅要有必需的理论知识,更要有较强的操作技能,认真完成配备的实训内容,多去实训基地观察、动手操作,提高自己解决问题的能力。

举一反三:在掌握基本知识的基础上,不断总结,举一反三,以不变应万变,真正掌握混凝土制作与浇筑技术。

知识目标

掌握混凝土配合比设计步骤；
掌握预制构件混凝土浇筑要求及注意事项。

能力目标

能进行混凝土配合比设计；
能进行混凝土质量问题的辨别及预防。

能力目标

认真负责，团结合作，维护集体的荣誉和利益；
努力学习专业技术知识，不断提高专业技能；
遵纪守法，具有良好的职业道德；
严格执行建设行业有关标准、规范、规程和制度。

任务一　混凝土配合比设计

预制构件的混凝土不需要长距离运输，预制构件的制作工艺有自身的特点，与工地用的商品混凝土有所不同。

4.1.1 混凝土配合比设计

混凝土配合比设计是根据设计要求的强度等级确定各组成材料数量之间的比例关系，即确定水泥、水、砂、石、外加剂、混合料之间的比例关系，使实际配置强度满足设计要求。

混凝土配合比设计的具体步骤为：首先，按照已选择的原材料性能及对混凝土的技术要求进行初步计算，得出"初步计算配合比"，再经过试验室试拌调整，得出"基准配合比"；然后，经过强度检验，定出满足设计和施工要求并且比较经济的"设计配合比（试验室配合比）"；最后，根据现场砂、石的实际含水率，对试验室配合比进行调整，求出"施工配合比"。

4.1.1.1 初步计算配合比的确定

1. 配制强度（$f_{cu,o}$）的确定

1）当混凝土的设计强度等级小于 C60 时

配制强度应按式（4-1）确定：

$$f_{cu,o} = f_{cu,k} + 1.645\sigma \tag{4-1}$$

式中 $f_{cu,o}$——混凝土配制强度,MPa;

$f_{cu,k}$——混凝土立方体抗压强度标准值,MPa;

σ——混凝土强度标准差,MPa。

σ 的确定方法如下:

(1)当具有近 1~3 个月的同一品种、同一强度等级混凝土的强度资料时,其混凝土强度标准差 σ 应按式(4-2)计算:

$$\sigma = \sqrt{\frac{\sum_{i=1}^{n} f_{cu,i}^2 - n m_{fcu}^2}{n-1}} \tag{4-2}$$

式中 $f_{cu,i}$——第 i 组的试件强度,MPa;

m_{fcu}——n 组试件的强度平均值,MPa;

n——试件组数,$n \geqslant 30$。

对于强度等级不大于 C30 的混凝土:当 σ 计算值$\geqslant$3.0 MPa 时,应按式(4-2)计算结果取值;当 σ 计算值<3.0 MPa 时,σ 应取 3.0 MPa。

对于强度等级大于 C30 且小于 C60 的混凝土:当 σ 计算值$\geqslant$4.0 MPa 时,应按式(4-2)计算结果取值;当 σ 计算值小于 4.0 MPa 时,σ 应取 4.0 MPa。

(2)当没有近期同一品种、同一强度等级混凝土的强度资料时,其强度标准差可按表 4-1 取值。

表 4-1 强度标准差 σ 取值表

混凝土强度等级	≤C20	C25~C45	C50~C55
σ/MPa	4.0	5.0	6.0

2)当混凝土的设计强度等级不小于 C60 时

配制强度 $f_{cu,o}$ 应按下式确定:

$$f_{cu,o} = 1.15 f_{cu,k} \tag{4-3}$$

2. 初步确定水胶比(W/B)

混凝土强度等级小于 C60 时,混凝土水胶比宜按式(4-4)计算:

$$W/B = \frac{\alpha_a f_b}{f_{cu,o} + \alpha_a \alpha_b f_b} \tag{4-4}$$

式中 f_b——胶凝材料(水泥与矿物掺合料按使用比例混合)28d 胶砂抗压强度实测值,MPa;

α_a、α_b——骨料回归系数。

1) f_b 值的确定方法

当无胶凝材料 28d 胶砂抗压强度实测值时,式(4-4)中的 f_b 值可按式(4-5)确定:

$$f_b = \gamma_f \gamma_s f_{ce} \tag{4-5}$$

式中 γ_f、γ_s——粉煤灰影响系数和粒化高炉矿渣粉影响系数,可按表 4-2 确定;

f_{ce}——水泥 28d 胶砂抗压强度实测值,MPa。若无实测值,$f_{ce} = \gamma_c \times f_{ce,g}$($\gamma_c$ 为水泥强度等级值的富余系数,可按表 4-2 确定;$f_{ce,g}$ 为水泥强度等级值)。

表 4-2 粉煤灰影响系数(γ_f)和粒化高炉矿渣粉影响系数(γ_s)

掺量/%	种类	
	粉煤灰影响系数 γ_f	粒化高炉矿渣粉影响系数 γ_s
0	1.00	1.00
10	0.85~0.95	1.00
20	0.75~0.85	0.95~1.00
30	0.65~0.75	0.90~1.00
40	0.55~0.65	0.80~0.90
50	—	0.70~0.85

表 4-3 水泥强度等级富余系数

水泥强度等级	32.5	42.5	52.5
富余系数 γ_c	1.12	1.16	1.10

2) 骨料回归系数 α_a、α_b 的确定方法

骨料回归系数应根据工程所使用的水泥、骨料,通过试验由建立的水胶比与混凝土强度关系式确定。当不具备试验统计资料时,其回归系数可按表 4-4 取值。

表 4-4 骨料回归系数

骨料回归系数	材料	
	碎石	卵石
α_a	0.53	0.49
α_b	0.20	0.13

此外,为了保证混凝土的耐久性,水胶比不得大于表 4-5 中《混凝土结构设计规范》(GB 50010—2010)规定的最大水胶比值,如计算所得的水胶比值大于规定的最大水胶比值

时,应取规定的最大水胶比值。

表 4-5 混凝土的最大水胶比与最小水泥用量表

环境等级		条件	最大水胶比	最小水泥用量/(kg·m^{-3})		
				素混凝土	钢筋混凝土	预应力混凝土
一		室内干燥环境;无侵蚀性静水浸没环境	0.60	250	280	300
二	a	室内潮湿环境; 非严寒和非寒冷地区的露天环境; 非严寒和非寒冷地区与无侵蚀性的水或土壤直接接触的环境; 严寒和寒冷地区的冰冻线以下与无侵蚀性的水或土壤直接接触的环境	0.55	280	300	300
	b	干湿交替环境; 水位频繁变动环境; 严寒和寒冷地区的露天环境; 严寒和寒冷地区冰冻线以上与无侵蚀性的水或土壤直接接触的环境	0.50 (0.55)	320		
三	a	严寒和寒冷地区冬季水位变动区环境; 受除冰盐影响环境; 海风环境	0.45 (0.5)	330		
	b	盐浸土环境; 受除冰盐作用环境; 海岸环境	0.40	330		

3. 1 m³ 混凝土的用水量

1 m³ 干硬性和塑性混凝土用水量的确定应符合下列规定:

(1)水胶比在 0.40~0.80 时,根据粗骨料的品种、粒径及施工要求的混凝土拌合物稠度,其用水量可按表 4-6、表 4-7 用水量,应通过试验确定。

表 4-6 干硬性混凝土的用水量表(kg·m^{-3})

拌合物稠度		卵石最大粒径			碎石最大粒径		
项目	指标	10	20	40	16	20	40
维勃稠度/s	16~20	175	160	145	180	170	155
	11~15	180	165	150	185	175	160
	5~10	185	170	155	190	180	165

表4-7 塑性混凝土的用水量表(kg·m^{-3})

拌合物稠度		卵石最大粒径				碎石最大粒径			
项目	指标	10	20	31.5	40	16	20	31.5	40
坍落度/mm	10～30	190	170	160	150	200	185	175	165
	35～50	200	180	170	160	210	195	185	175
	55～70	210	190	180	170	220	205	195	185
	75～90	215	195	185	175	230	215	205	195

(2)掺外加剂时，1 m^3 流动性或大流动性混凝土的用水量按式(4-6)计算：

$$m_{wa} = m_{wo}(1-\beta) \qquad (4-6)$$

式中 m_{wa}——掺外加剂时，1 m^3 混凝土的用水量，kg/m^3；

m_{wo}——未掺外加剂时，1 m^3 混凝土的用水量，kg/m^3；

β——外加剂的减水率，%。β 应经试验确定。

4.计算1 m^3 混凝土的胶凝材料用量(m_{bo})、矿物掺合料用量(m_{fo})、水泥用量(m_{co})、外加剂用量(m_{ao})

1)m_{bo} 的确定

根据已初步确定的水胶比(W/B)和选用的单位用水量(m_{wo})，可计算出胶凝材料用量 m_{bo}：

$$m_{bo} = \frac{m_{wo}}{W/B} \qquad (4-7)$$

为保证混凝土的耐久性，由式(4-7)计算得出的胶凝材料用量还应满足《普通混凝土配合比设计规程》(JGJ 55—2011)(表4-5)规定的最小胶凝材料用量的要求，如计算得出的胶凝材料用量少于规定的最小胶凝材料用量，则应取规定的最小胶凝材料用量值。

2)m_{fo} 的确定

1 m^3 混凝土的矿物掺合料用量 m_{fo} 应按式(4-8)计算：

$$m_{fo} = m_{bo}\beta_f \qquad (4-8)$$

式中 β_f——矿物掺合料掺量，%。

矿物掺合料在混凝土中的掺量应通过试验确定，采用硅酸盐水泥或普通硅酸盐水泥时，钢筋混凝土中矿物掺合料最大掺量宜符合表4-8的规定。

表4-8 钢筋混凝土中矿物掺合料最大掺量表

矿物掺合料种类	水胶比	最大掺量/%	
		采用硅酸盐水泥	采用普通硅酸盐水泥
粉煤灰	≤0.40	45	35
	>0.40	40	30
粒化高炉矿渣粉	≤0.40	65	55
	>0.40	55	45
钢渣粉	—	30	20
磷渣粉	—	30	20
硅灰	—	10	10
复合掺合料	≤0.40	65	55
	>0.40	55	45

3) m_{co} 的确定

1 m³ 混凝土的水泥用量 m_{co} 应按式(4-9)计算：

$$m_{co} = m_{bo} - m_{fo} \tag{4-9}$$

4) m_{ao} 的确定

1 m³ 混凝土中外加剂用量 m_{ao} 应按式(4-10)计算：

$$m_{ao} = m_{bo}\beta_a \tag{4-10}$$

式中 β_a——外加剂掺量，%。β_a 应经混凝土试验确定。

5) 选取合理的砂率 (β_s)

砂率 β_s 应根据骨料的技术指标、混凝土拌合物性能和施工要求，参考既有历史资料确定。当缺乏砂率的历史资料时，混凝土砂率的确定应符合下列规定：

(1) 坍落度小于10 mm的混凝土，其砂率应经试验确定。

(2) 坍落度为10～60 mm的混凝土，其砂率可根据粗骨料品种、最大公称粒径及水胶比按表4-9选取。

(3) 坍落度大于60 mm的混凝土，其砂率可经试验确定，也可在表4-9的基础上，按坍落度每增大20 mm、砂率增大1%的幅度予以调整。

表 4-9 混凝土的砂率表(%)

水胶比 (W/B)	卵石最大粒径/mm			碎石最大粒径/mm		
	10	20	40	16	20	40
0.40	26～32	25～31	24～30	30～35	29～34	27～32
0.50	30～35	29～34	28～33	33～38	32～37	30～35
0.60	33～38	32～37	31～36	36～41	35～40	33～38
0.70	36～41	35～40	34～39	39～44	38～43	36～41

6)计算粗、细骨料的用量 m_{go} 及 m_{so}

粗、细骨料的用量可用质量法或体积法求得。

(1)质量法:如果原材料情况比较稳定,所配制的混凝土拌合物的表观密度将接近一个固定值,这样可以先假设 1 m³ 混凝土拌合物的质量值,并可列出式(4-11):

$$m_{fo} + m_{co} + m_{go} + m_{so} + m_{wo} = m_{cp}$$

$$\beta_s = \frac{m_{so}}{m_{so} + m_{go}} \tag{4-11}$$

式中 m_{go}——1 m³ 混凝土的粗骨料用量,kg/m³;

m_{so}——1 m³ 混凝土的细骨料用量,kg/m³;

m_{cp}——1 m³ 混凝土拌合物的假定质量,kg/m³,其值可取 2350～2450 kg/m³。

解联立两式,即可求出 m_{go},m_{so}。

(2)体积法:假定混凝土拌合物的体积等于各组成材料绝对体积和混凝土拌合物中所含空气体积之总和。在计算 1 m³ 混凝土拌合物的各材料用量时,可列出式(4-12):

$$\frac{m_{fo}}{\rho_{fv}} + \frac{m_{co}}{\rho_c} + \frac{m_{go}}{\rho_g} + \frac{m_{so}}{\rho_s} + \frac{m_{wo}}{\rho_w} + 0.01\alpha = +1$$

$$\beta_s = \frac{m_{so}}{m_{so} + m_{go}} \tag{4-12}$$

式中 ρ_c——水泥密度,可取 2900～3100 kg/m³;

ρ_g——粗骨料的表观密度,kg/m³;

ρ_s——细骨料的表观密度,kg/m³;

ρ_f——矿物掺合料密度,kg/m³;

ρ_w——水的密度,可取 1000 kg/m³;

α——混凝土的含气量百分数,在不使用引气型外加剂时,可取 1。

解联立两式,即可求出 m_{go},m_{so}。

通过以上六个步骤,便可将水、水泥、砂和石子的用量全部求出,得出初步计算配合比,供试配使用。

以上混凝土配合比计算公式和表格,均以干燥状态骨料(系指含水率小于0.5%的细骨料和含水率小于0.2%的粗骨料)为基准。

4.1.1.2 混凝土配合比的试配、调整与确定

1. 基准配合比的确定

按初步计算配合比,称取实际工程中使用的材料,进行试配。混凝土的搅拌方法,应与生产时使用的方法相同。试配的最小搅拌量见表4-10。

表4-10 试配的最小搅拌量

粗骨料最大公称粒径/mm	拌合物量/L
≤31.5	20
40.0	25

混凝土搅拌均匀后,检查拌合物的和易性,不符合要求的,必须经过试拌调整,直到符合要求为止,然后,提出供检验强度用的基准配合比。

调整混凝土拌合物和易性的方法如下:

(1)当坍落度低于设计要求时,可保持水胶比不变,适当增加水泥浆量或调整砂率。

(2)若坍落度过大,则可在砂率不变的条件下增加砂石用量。

(3)如出现含砂不足、黏聚性和保水性不良时,可适当增大砂率;反之,应减小砂率。

当试拌调整工作完成后,应测出混凝土拌合物的实际表观密度 $\rho_{c,t}$,并重新计算每立方米混凝土各组成材料的用量,得出基准配合比:

$$m_{c,j} = m_{c,b} \times \rho_{c,t}/(m_{c,b} + m_{f,b} + m_{s,b} + m_{g,b} + m_{w,b}) \tag{4-13}$$

$$m_{f,j} = m_{f,b} \times \rho_{c,t}/(m_{c,b} + m_{f,b} + m_{s,b} + m_{g,b} + m_{w,b}) \tag{4-14}$$

$$m_{s,j} = m_{s,b} \times \rho_{c,t}/(m_{c,b} + m_{f,b} + m_{s,b} + m_{g,b} + m_{w,b}) \tag{4-15}$$

$$m_{g,j} = m_{g,b} \times \rho_{c,t}/(m_{c,b} + m_{f,b} + m_{s,b} + m_{g,b} + m_{w,b}) \tag{4-16}$$

$$m_{w,j} = m_{w,b} \times \rho_{c,t}/(m_{c,b} + m_{f,b} + m_{s,b} + m_{g,b} + m_{w,b}) \tag{4-17}$$

2. 试验室配合比的确定

经过和易性调整后得到的基准配合比,其水胶比选择不一定恰当,即混凝土的强度有可能不符合要求,所以应检验混凝土的强度。进行混凝土强度检验时,应至少采用三个不同的配合比。其一为基准配合比,另外两个配合比的水胶比,应较基准配合比分别增加或减少0.05。用水量与基准配合比相同,砂率可分别增加或减小1%。每种配合比制作一组(三块)试件,并经标准养护到28d时试压。

由试验得出的各水胶比及其对应的混凝土强度的关系,用作图法或计算法求出与混凝土配制强度相对应的水胶比,再计算出试验室配合比。

3. 施工配合比的确定

设计配合比是以干燥材料为基准的,而工地存放的砂、石都含有一定的水分,且随着气候的变化而经常变化。所以,现场材料的实际称量应按工地存放砂、石的含水情况进行修正,修正后的配合比称施工配合比。

假定工地存放砂的含水率为 $a(\%)$,石子的含水率为 $b(\%)$,则将上述试验室配合比换算为施工配合比,其材料称量为:

$$m'_b = m_c \tag{4-18}$$

$$m'_f = m_f \tag{4-19}$$

$$m'_s = m_s(1+0.01a) \tag{4-20}$$

$$m'_g = m_g(1+0.01b) \tag{4-21}$$

$$m'_w = m_w - 0.01am_s - 0.01bm_g \tag{4-22}$$

4.1.2 预制混凝土工程量计算

1. 预制混凝土工程量计算规则

预制混凝土工程量均按预制构件实体体积以 m³ 为单位计算,不扣除构件内钢筋、铁件及小于 300 mm×300 mm 的孔洞面积。空心板的孔洞体积应扣除。

2. 计算公式

由于预制构件制作过程中混凝土有损耗,因此混凝土工程量计算如下:

预制构件制作混凝土工程量＝预制构件图示实体体积×(1+1.5%)

计算时,构件数量不要遗漏,清查准确,工程量要区别有无损耗率。工程量计算结果保留两位小数。

任务二　预制构件混凝土施工

4.2.1 混凝土材料

4.2.1.1 主要材料

1. 水泥

水泥宜采用不低于 42.5 级硅酸盐或普通硅酸盐水泥,水泥进场时必须有出厂合格证和试验报告单,对其品种、级别、包装或散装仓号、出厂日期等进行检查,并对其强度、安定性及其他必要的性能指标进行复验,其质量必须符合现行国家标准《通用硅酸盐水泥》(GB 175—2007)

的规定,当对水泥质量有疑问或水泥出厂超过 3 个月(快硬硅酸盐水泥超过 1 个月)时,应复查试验,并按试验结果使用。钢筋混凝土结构、预应力混凝土结构中严禁使用含氯化物的水泥。

2. 砂

混凝土用砂一般以中、粗砂为宜,使用细度模数为 2.3～3.0 的中粗砂。砂必须符合有害杂质最大含量低于国家标准规定的要求,砂中的有害杂质如云母、黑云母、淤泥和黏土、硫化物和硫酸盐、有机物等,其含量的多少会直接影响到混凝土的质量,对混凝土的终强度、抗冻性、抗渗性等方面产生不良影响或腐蚀钢筋影响结构的耐久性。砂的质量应符合《普通混凝土用砂、石质量及检验方法标准》(JGJ 52—2006)的规定,不得使用海砂。

3. 石子

混凝土中所用石子应尽可能选用碎石,宜选用粒径 5～25 mm 的碎石。碎石由人工破碎,表面粗糙,空隙率和总表面积较大,故所需的水泥浆较多,与水泥浆的黏结力强,因此碎石混凝土强度较高。

4. 水

水通常可以使用供人们饮用的自来水、河水、井水、湖水、溪间水(pH 值不小于 4)等洁净淡水。

4.2.1.2 混凝土材料存放要求

(1)泥和掺合料应存放在筒仓内,储存时应保持密封、干燥、防止受潮。
(2)砂、石应按不同品种、规格分别存放,并应有防尘和防雨等措施。
(3)外加剂应按不同生产企业、不同品种分别存放,并有防止沉淀等措施。

4.2.2 主要机具

4.2.2.1 空中混凝土运输车

空中混凝土运输车如图 4.2.1 所示。

图 4.2.1 空中混凝土运输车

1. 组成与功能

空中混凝土运输车主要由钢结构支架、走行机构、料斗、液压系统、电气控制系统等几部分组成,主要用于存放由搅拌站输送出来的混凝土,在特制轨道上走行并将混凝土转移到布料机中。

2. 设备特点

空中混凝土运输车具有如下特点:

(1)空中走行、PLC 控制、遥控操作。

(2)变频电机驱动,运行平稳。

(3)料斗下开门采用特殊机械结构,开闭可靠。

3. 设备操作及注意事项

设备操作过程中应注意以下事项:

(1)每班第一次接料前,应将料仓内壁用水浇湿,以最大限度地减少内壁挂浆。

(2)每班收工前或班中接料间隔超过 60 min 时,应清洗料仓内壁,以避免内壁挂浆。

(3)因停电或设备故障致使料仓内砂浆存放时间超过 30 min 时,应立即启动手动液压泵站,打开卸料闸门,泄掉仓内砂浆,并清洗料仓内壁。

操作人员安全注意事项如下:

(1)操作前应确认设备机电液压正常,运行区域无人员停留。

(2)操作中观察设备启、停运行状态,确保料斗走行下方无人员。

(3)每班作业后,确保切断电源,清理料斗。

4. 维修及保养

(1)机械零部件每年进行一次除锈、防锈保养。

(2)设备每月进行一次清洁维护,保持设备不被混凝土固化,以免损坏。

(3)停用一个月以上或封存时,应认真做好停用或封存前的保养工作,设备内、外部都应擦洗干净,并采取预防风、沙、雨淋、水泡、锈蚀等措施。

4.2.2.2 混凝土布料机

混凝土布料机如图 4.2.2 所示。

图 4.2.2 混凝土布料机

1. 组成及功能

混凝土布料机由钢结构机架、X 向走行机构、Y 向走行机构、安全防护装置、升降系统、清洗设备、计量系统、液压系统、电控系统等组成。混凝土布料机适用于混凝土预制构件生产线,可以向模具中进行均匀定量的混凝土布料。

2. 设备特点

混凝土布料机设备具有如下工作特点。

(1)采用 PLC 程序控制,可实现料门的手动、预选、自动控制功能。走行速度、布料速度无级可调。

(2)布料机构的升降功能可以满足不同厚度构件的布料需求。

(3)布料机构的搅拌轴具有匀料的功能,还可防止物料在料仓内较长时间存放时出现凝结和离析。

(4)布料机构上的附着式振动电机,采用特殊的安装形式,可以使布料斗整面均匀振动,使破拱、下料效果更好。

(5)布料机设有液压系统,液压系统能快速启闭布料闸门,保证精准布料,同时防止余料掉落。在设备突然断电后,液压系统能手动应急打开料仓,将料仓内物料清除,保护设备。

(6)8 个液压油缸分别控制 8 个闸门的开启与关闭,可根据布料宽度任意组合开闭。

(7)通过 8 个电机驱动的 8 根螺旋分料轴进行分料,送料量均匀平稳,各出料口出料量误差率$\leqslant 10\%$。

(8)在螺旋布料轴被卡住前,自动反转;亦可点动控制,使螺旋轴反转,再排除故障。

(9)计量系统可随时显示料仓内混凝土的储量。

3. 设备操作注意事项

混凝土布料机操作时应注意以下事项。

(1)接料时打开布料机匀料轴,避免料凝结。

(2)清洗前,切记先将清洗底板插销拔出,再打开全部料门,启动"清洗下降"旋钮。

4.2.2.3 混凝土振动台

混凝土振动台如图4.2.3所示。

图4.2.3 混凝土振动台

1.组成及功能

混凝土振动台主要由12个振捣单元、2个升降驱动、12个升降滚轮、纵横向运动机构、电气控制系统及液压系统等组成,主要用于将布料机浇筑的混凝土振捣密实,形成预制构件湿体。混凝土振动台特别适用于50 mm以下薄板类预制构件。

2.设备特点

混凝土振动台具有如下工作特点。

(1)采用12个独立的振捣单元,振捣力均匀。

(2)采用特殊结构的隔振垫,隔振效果好。

(3)采用12个独立的液压夹紧装置,夹紧力大,牢固可靠。

(4)可实现水平、纵向两个方向的自由振动。

(5)各振捣电机均可变频调速。

3.设备操作流程

混凝土振动台操作流程如下所述。

(1)接模台准备。当混凝土预制构件开始作业时,需要将已布好的钢筋模台送入螺旋布料机下。首先升起滚轮及驱动装置,这时只需按下控制台上滚轮升起键,通过程序控制,即可完成滚轮及驱动装置自动到位。

(2)模台进入。滚轮及驱动装置升到位后,即可操纵控制台上驱动左(右)按钮,驱动模台由左(右)方向进入振动台工位。

(3)模台就位。模台进入振动台工位并对正后,为保证有效地振捣,必须将模台放在振动台上。这时只需按下控制台上滚轮下降键,通过程序控制,将滚轮及驱动装置自动回位,模台自然放到振动台上。

（4）模台夹紧。模台就位后，立即按下控制台上模台夹紧按键，通过程序控制，自动完成模台夹紧动作。

（5）振捣。模台夹紧后，即可开始布料。布料结束后，首先使用手动操作，启动预振功能，以判断所布的料是否满足要求。添加料后，启动振动程序，完成振捣作业；也可以选择自动模式，根据触摸屏设置自动完成三种振动模式的切换。

4.2.2.4　振捣搓平机

振捣搓平机如图 4.2.4 所示。

图 4.2.4　振捣搓平机

1. 组成及功能

振捣搓平机主要由机架、纵、横向走行机构、搓平机构、升降机构、振捣机构及电气控制系统等组成。振捣搓平机主要用于将布料机浇筑的混凝土振捣并搓平，使混凝土表面平整。

2. 设备特点

振捣搓平机具有如下工作特点。

（1）采用双拉绳升降机构，其结构紧凑，安装方便，而且可以在规定行程范围内的任意位置停止。

（2）电机驱动搓平机构，能实现往复搓平。

（3）走行机构采用变频电机驱动，可以随时方便地调整走行速度。

3. 设备操作流程

（1）模台准备。当混凝土预制构件需要搓平作业时，将已振捣完成的混凝土预制构件连同模台一起送入搓平机下。首先升起搓平机搓平装置，这时只需按下遥控器上搓平装置的升起键，即可完成搓平机搓平装置的升起到位动作。

（2）模台进入。当搓平机搓平装置起升到位后，即可操纵驱动线上操作盒驱动模台进入搓平机工位。

(3)模台就位。模台进入搓平机工位后,为保证有效搓平及振捣,必须将搓平装置放在边模上。按下遥控器上搓平装置下降键,待其落到边模上表面时即可停止。

(4)搓平机搓平。模台就位后,按下遥控器上启动键,搓平机搓平装置开始工作。当需要振捣"提浆"时,开启振捣电机开关即可。移动纵、横向走行机构,即可对混凝土预制构件进行全长度搓平。

(5)模台送出。搓平完成后,升起或移开搓平机构,操纵驱动线上操作盒驱动模台进入下一个工位。

4.2.2.5 拉毛机

拉毛机如图4.2.5所示。

图4.2.5 拉毛机

1.组成及功能

拉毛机主要由机架、纵向升降机构、拉毛机构及电气控制系统等组成,主要用于对叠合板构件表面进行拉毛处理。

2.设备特点

拉毛机采用电动升降机构,其结构紧凑、操作方便;运用片式拉毛板,拉毛痕深,不伤骨料。

3.设备操作流程

(1)模台准备。当混凝土预制构件需要拉毛作业时,先要放下拉毛装置,这时只需按下操作盒上拉毛装置下降键,即可完成拉毛机拉毛装置的下降到位动作。

(2)模台进入。当拉毛机拉毛装置下降到位后,即可操纵驱动线上操作盒驱动模台通过拉毛机工位。

(3)拉毛机拉毛。模台就位后,在驱动装置的驱动下,拉毛装置开始拉毛动作,可对混凝土预制构件进行全长度拉毛,提高拉毛效果。

(4)模台送出。拉毛完成后,升起拉毛机构,操纵驱动线上操作盒驱动模台进入下一个工位。

4.2.3 混凝土搅拌与运送

4.2.3.1 混凝土搅拌

每台班开始前,对搅拌机及上料设备进行检查并试运转;对所用计量器具进行检查并定磅;校对施工配合比;对所用原材料的规格、品种、产地、牌号及质量进行检查,并与施工配合比进行核对;对砂、石的含水率进行检查,如有变化,及时通知试验人员调整用水量。一切检查符合要求后,方可开盘拌制混凝土。

1. 第一盘混凝土拌制的操作

(1)每工作班拌制第一盘混凝土时,先加水使搅拌筒空转数分钟,搅拌筒被充分湿润后,将剩余积水倒净。

(2)搅拌第一盘时,由于砂浆黏筒壁而造成损失,因此,根据试验室提供的砂石含水率及配合比配料,每班第一盘料须增加水泥 10 kg,砂 20 kg。

(3)从第二盘开始,按给定的配合比投料。

(4)搅拌时间控制:混凝土搅拌时间在 60~120 s 为佳。冬季施工时搅拌时间应取常温搅拌时间的 1.5 倍。

2. 出料时的外观及时间

出料前,在观察口目测拌合物的外观质量,保证混凝土应搅拌均匀、颜色一致,具有良好的和易性。每盘混凝土拌合物必须出尽,出料时间为 20 s。

3. 混凝土搅拌操作的严禁事项

(1)不合格的原材料严禁投入使用。

(2)不同品牌、不同规格的水泥、外加剂、外掺料严禁混用。

(3)严禁私自调整配合比。

(4)严禁擅自加水。

(5)混凝土拌合物性能检验不达标的严禁投入构件生产。

(6)混凝土搅拌后时间间隔过长,开始初凝后,严禁投入构件生产。

4.2.3.2 混凝土运送

如果流水线工艺中,混凝土浇筑振捣平台设在搅拌站出料口位置,混凝土直接出料给布料机,则不需要混凝土运送环节;如果流水线浇筑振捣平台与出料口有一定距离,或采用固定模台生产工艺,则需要考虑混凝土运送。

预制工厂常用的混凝土运送方式有三种:自动鱼雷罐运送、起重机-料斗运送、叉车-料斗运送。预制工厂超负荷生产时,厂内搅拌站无法满足生产需要,可能会在工厂外的搅拌站采购商品混凝土,采用自动鱼雷罐运送。

(1)自动鱼雷罐用在搅拌站到构件生产线布料机之间运输,运输效率高,适合浇筑混凝土连续作业。采用自动鱼雷罐运输时,搅拌站与生产线布料位置距离不能过长,控制在150 m以内,且最好是直线运输。

(2)车间内起重机或叉车加上料斗运输混凝土的方式,适用于生产各种预制构件,运输、卸料方便。

混凝土运送须做到以下几点:

(1)混凝土运送能力与搅拌的节奏相匹配。

(2)运送路径通畅,尽可能缩短运送时间。

(3)运送混凝土容器每次出料后必须清洗干净,不能有残留混凝土。

(4)当运送路径有露天段时,在雨雪天气下运送混凝土的叉车或料斗应当遮盖。

4.2.4 预制构件的混凝土浇筑

4.2.4.1 坍落度检测

混凝土浇筑前,要检测坍落度。坍落度宜在浇筑地点随机取样检测,经坍落度检测合格的混凝土方可使用。坍落度的测试方法如下。

(1)先湿润坍落筒及所用工具,然后将坍落筒放在一刚性的、平坦的、湿润且不吸水的底板上,用脚踩住底板面两端,使坍落筒在测试时位置固定。把要测试的混凝土试样分三层装入筒内,每层捣实后的高度大致为坍落筒高度的1/3。

(2)每层用振动棒插振动25次左右,各次插捣要在每层截面上均匀分布;插捣底层时,振动棒需稍倾斜并贯穿整个深度;插捣第二层和顶层时振动棒要插透本层,并使之刚好插入下一层表面;每层插捣时宜由边缘向中心呈螺旋形进行。

(3)插捣顶层前要将混凝土灌到高出坍落筒,如果插捣使混凝土沉落到低于筒口,则要随时添加混凝土,使其一直保持高出坍落筒。顶层插捣完毕后,用抹子将筒顶混凝土表面抹平。

(4)小心垂直提起坍落筒,其提离过程应在5~10 s内完成,要平稳向上提起,同时保证混凝土试体不受碰撞或振动。从开始装料到提起坍落筒的整个测试过程要连续进行,并在150 s之内完成。

(5)提起坍落筒后,立即测量筒高与坍落后混凝土试体最高点之间的高度差,所得数值就是坍落度值,见图4.2.6。

坍落度检测值如果在配合比设计允许范围内,且混凝土黏聚性、保水性、流动性均良好,则该盘混凝土可正常使用;反之,如坍落度超出配合比设计允许范围或出现严重泌水或流动性差等现象时,应禁止使用该盘混凝土,见图4.2.7。

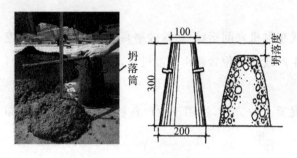

图4.2.6　坍落度测量示意图　　　　　　　图4.2.7　坍落度测试结果

当实测坍落度大于设计坍落度的最大值时,则该盘混凝土不得用于浇筑当前预制构件。如混凝土和易性良好,可以用于浇筑比当前混凝土设计强度低一等级的预制构件或庭院、景观类预制构件;如混凝土和易性不良,存在严重泌水、离析、崩塌等现象,则该盘混凝土禁止使用。

当实测坍落度小于设计坍落度的最小值,但仍有较好的流动性,则该盘混凝土可用于浇筑同强度等级的叠合板、墙板等较简单、操作面较大且容易浇筑的预制构件;否则应通知试验室对该盘混凝土进行技术处理后才能使用。

4.2.4.2　预制墙板的混凝土浇筑

1. 混凝土浇筑前各项工作检查

混凝土浇筑前,应逐项对模具、钢筋、钢筋网、连接套管、连接件、预埋件、吊具、预留孔洞、混凝土保护层厚度等进行检查验收,并做好隐蔽工程记录。混凝土浇筑时,应采用机械振捣成型方式。带保温材料的预制构件宜采用水平浇筑方式成型,保温材料宜在混凝土成型过程中放置固定,可采取措施固定保温材料,确保拉结件的位置和间距满足设计要求,这对于满足墙板设计要求的保温性能和结构性能非常重要,应按要求进行过程质量控制。底层混凝土强度达到1.2 MPa以上时方可进行保温材料敷设,保温材料应与底层混凝土固定,当多层敷设时上、下层接缝应错开。当采用垂直浇筑成型工艺时,保温材料可在混凝土浇筑前放置固定。连接件穿过保温材料处应填补密实。

2. 浇筑混凝土与振捣

浇筑混凝土应按照混凝土设计配合比经过试配确定最终配合比,生产时严格控制水胶比和坍落度。

浇筑和振捣混凝土时应按操作规程,防止漏振和过振,生产时应按照规定制作试块。图4.2.8所示为混凝土边浇筑、边振捣示意图,其中振捣器宜采用振动平台或振捣棒,平板振动器辅助使用,混凝土振捣完成后应用抹平压光,如图4.2.9所示。

图 4.2.8 振动台振捣混凝土

图 4.2.9 抹平压光

混凝土浇筑时应符合下列要求：

(1)混凝土应均匀连续浇筑，投料高度不宜大于 500 mm。

(2)混凝土浇筑时应保证模具、门窗框、预埋件、连接件不发生变形或者移位，如有偏差应采取措施及时纠正。

(3)混凝土从出机到浇筑完毕的延续时间，气温高于 25 ℃时不宜超过 60 min，气温低于 25 ℃时不宜超过 90 min。

(4)混凝土应采用机械振捣密实，对边角及灌浆套筒处充分有效振捣；振捣时应该随时观察固定磁盒是否松动位移，并及时采取应急措施；浇筑厚度使用专门的工具测量，严格控制。对于外叶，振捣后应当对边角进行一次抹平，保证结构外叶与保温板间无缝隙。

(5)定期定时对混凝土进行各项工作性能(坍落度、和易性等)试验；按单位工程项目留置试块。

混凝土振捣时应符合下列要求：

1)固定模台插入式振动棒振捣

预制构件振捣与现浇不同，由于套管、预埋件多，普通振动棒可能插下不去，应选用超细振动棒或者手提式振动棒(见图 4.2.10)。

图 4.2.10 插入式振动棒振捣混凝土

插入式振动棒振捣混凝土应符合下列规定：

(1)应按分层浇筑厚度分别振捣,振动棒的前端应插入前一层混凝土中,插入深度不小于50 mm。

(2)振动棒应垂直于混凝土表面并快插慢拔均匀振捣;当混凝土表面无明显塌陷、有水泥浆出现、不再排出气泡时,应当换一个部位继续振捣。

(3)振动棒与模板的距离不应大于振动棒作用半径的一半;振捣点间距不应大于振动棒的作用半径的1.4倍。

(4)钢筋密集区、预埋件及套筒部位应当选用小型振动棒振捣,并且加密振捣点,延长振捣时间。

(5)当墙板采用反打工艺,外侧布有石材或瓷砖,振捣混凝土时应注意避免振动损伤石材或瓷砖。

2)固定模台附着式振动器振捣

固定模台生产板类构件如叠合楼板、阳台板等薄壁性构件,可选用固定模台附着式振动器(见图4.2.11)。

图4.2.11 固定模台附着式振动器振捣

附着式振动器振捣混凝土应符合下列规定:

(1)振动器与模板紧密连接,设置间距通过试验来确定。

(2)模台上使用多台附着式振动器时,应使各振动器的频率一致,并应交错设置在相对面的模台上。

对一些比较宽的构件,附着式振动器不能振捣到位的,要搭设振捣作业临时桥板,保证每一点振捣到位。

3)固定模台平板振动器振捣

平板振动器适用于墙板生产内表面找平振捣,或者局部辅助振捣。

4)流水线振动台自动振捣

流水线振动台通过水平和垂直振动从而达到混凝土的密实。欧洲的柔性振动平台可以上下、左右、前后360°全方位的运动,从而保证混凝土充分密实,且噪声控制在75 dB以内。

欧洲有一些生产预应力构件的生产线也采取自动振捣的方式:一种是在长线台座上安装简

便的附着式振动器方式;另一种是在流动生产线的其中一段轨道安装振动器进行振捣。还有一些生产干硬性制品的设备在生产挤压过程中就实现了同步振捣。

3.混凝土抗压强度检验

混凝土应进行抗压强度检验,并应符合下列规定:

(1)混凝土检验试件应在浇筑地点取样制作。

(2)每拌制 100 盘且不超过 100 m^3 的同一配合比混凝土,每工作班拌制的同一配合比的混凝土不足 100 盘为一批。

(3)每批制作强度检验试块不少于 3 组,随机抽取 1 组进行同条件转标准养护后强度检验,其余可作为同条件试件在预制构件脱模和出厂时控制其混凝土强度,还可根据预制构件吊装、张拉和放张等要求,留置足够数量的同条件混凝土试块进行强度检验。

(4)蒸汽养护的预制构件,其强度评定混凝土试块应随同构件蒸养后,再转入标准条件养护。构件脱模起吊、预应力张拉或放张的混凝土同条件试块,其养护条件应与构件生产中采用的养护条件相同。

(5)除设计有要求外,预制构件出厂时的混凝土强度不宜低于设计混凝土强度等级值的 75%。

4.2.4.3 带保温材料的预制墙板浇筑

带保温材料的预制墙板浇筑工艺示意图如图 4.2.12 所示。

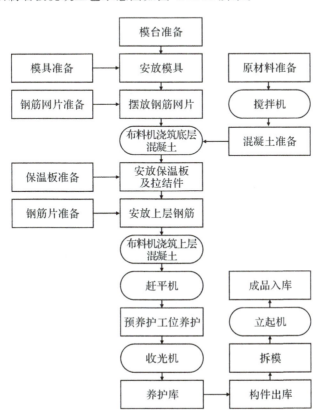

图 4.2.12 带保温材料的预制墙板施工工艺流程图

1. 浇筑工艺要求

带夹心保温材料的预制墙板宜采用平模工艺成型,当采用一次成型工艺时,内叶墙、保温层及外叶墙一次成型。当采用二次成型工艺时,应先浇筑外叶混凝土层,再安装连接件,隔天再铺装保温材料和浇筑内叶混凝土层。

当采用立模工艺时,应同步浇筑内、外叶混凝土层,生产时应采取可靠措施保证内、外叶混凝土层厚度符合要求,保证保温层和连接件的位置准确。保温板铺设前应按设计图纸和施工要求,确认连接件和保温材料满足要求后,方可安装连接件和铺设保温材料,保温材料铺设应紧密排列。其中连接件主要采用非金属连接件,避免"热桥"的产生;墙板节能保温性能要好。保温层和饰面层与结构同寿命,耐久性好,墙板整体防火性能良好。

2. 浇筑工艺流程

保温夹心外墙采用反打一次成型工艺制作。工艺流程包括:首层钢筋网片入模—首层混凝土浇筑—铺设保温聚苯板—布置连接件—上层钢筋骨架入模—上层混凝土浇筑—表面抹平—蒸养—脱模—构件清理—构件存放。其生产流程中除正常构件生产内容之外,两大重要工序为保温工序和连接件布置工序。

1)保温工序

保温工序流程包括:构件加工图—聚苯放样—聚苯下料—聚苯铺装—浇筑。

为保证聚苯的保温性能,聚苯尺寸应严格按照图纸下料,允许偏差为$-3\sim 0$ mm。

2)连接件工序

连接件工序流程包括:连接件布置图—聚苯打孔—插入连接件—连接件调整—浇筑。

外墙保温拉结件如图 4.2.13 所示,是用于连接预制保温墙体内、外层混凝土墙板,传递墙板剪力,以使内、外层墙板形成整体的连接器。拉结件宜选用纤维增强复合材料或不锈钢薄钢板加工制成。

图 4.2.13　外墙保温拉结件连接图

4.2.4.4　预制楼板的混凝土浇筑

预制钢筋混凝土楼板浇筑施工工艺流程包括:底模固定及清理—绑扎钢筋及预埋件、预留孔—浇筑混凝土及振捣—表面拉毛。

预制楼板与后浇混凝土的结合面或叠合面应按设计要求制成粗糙面和键槽,粗糙面可以采用拉毛处理方法,如图4.2.14所示。采用拉毛处理方法应在混凝土达到初凝前完成,粗糙面的凹凸度差值不宜小于4 mm。拉毛操作时间应根据混凝土配合比、气温及空气湿度等因素综合把控,过早拉毛会导致粗糙度降低,过晚会导致拉毛困难甚至影响混凝土表面强度。

图4.2.14 混凝土表面拉毛

4.2.4.5 预制楼梯的混凝土浇筑

预制钢筋混凝土楼梯是将楼梯分成休息平台板和楼梯段两部分。将构件在加工厂或施工现场进行预制,然后现场进行装配或焊接而形成,如图4.2.15所示。

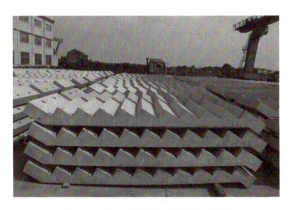

图4.2.15 预制板式楼梯示意图

楼梯混凝土浇筑前,模具内浮浆、焊渣、铁锈及各种污物应清理干净;脱模剂应涂刷均匀,密封胶及双面胶带应在清理后及时打注与粘贴,防止密封胶凝固不充分造成楼梯漏浆,严重影响楼梯表观质量;合模时应注意上下口一致,避免出现成品左右厚度不一。楼梯模具下部缝隙较大的,应填满塞实后进行密封。

混凝土配合比应根据产品类别和生产工艺要求确定,混凝土浇筑应采用机械振捣成型方式。

1. 预制混凝土楼梯浇筑施工工艺

预制混凝土楼梯浇筑施工工艺流程包括:模板清理—钢筋绑扎及布设预埋件—合模—布料、振捣成型—抹面、压光。

2. 合模注意事项

合模时需要注意以下几点:

(1)堵头必须涂脱模剂;预埋件螺丝必须上紧,防止振捣时螺丝松脱跑浆;预埋件必须以"井"字形钢筋固定在笼筋骨架上。

(2)合模时注意背板底部是否压笼筋。

(3)合模顺序一般为:合背板—锁紧拉杆—合侧板—合上部小侧板。

(4)合模完成后必须检查上部尺寸是否合格。

3. 布料、振捣注意事项

布料、振捣时需要注意以下几点:

(1)根据实际情况均匀振捣,振动棒应快插慢拔,振捣间距15~20 cm,每处振捣20~30 s;根据混凝土料坍落度适当调整振捣时间。

(2)振捣时应注意避开预埋件、钢筋等重要部位;禁止振动棒接触正板,防止正板磨损导致后期清水面粘皮。

4. 抹面、压光注意事项

抹面、压光时需要注意以下几点:

(1)初次抹面须静置1小时后进行表面压光,压光应轻搓轻压。

(2)压光时应将模具表面、顶部浮浆清理干净,构件外表面应光滑无明显凹坑破损,内侧与结构相接触面须做到均匀拉毛处理,拉深4~5 mm,然后再静置1小时。

4.2.4.6 混凝土浇筑要求

无论哪种构件,混凝土浇筑时均应符合下列要求:

(1)混凝土浇筑前应当做好混凝土的检查,检查内容包括混凝土坍落度、温度、含气量等,并且拍照存档。

(2)浇筑混凝土应均匀连续,从模具一端开始。

(3)投料高度不宜超过500 mm。

(4)浇筑过程中应有效地控制混凝土的均匀性、密实性和整体性。

(5)混凝土浇筑应在混凝土初凝前全部完成。

(6)混凝土应边浇筑边振捣。

(7)冬季混凝土入模温度不应低于5 ℃。

(8)混凝土浇筑前应制作同条件养护试块等。

4.2.5 信息芯片埋设

预制构件生产企业应建立构件生产管理信息化系统,用于记录构件生产关键信息,以追溯、管理构件的生产质量和进度。

有些省市,政策上强制要求必须在预制构件内埋设信息芯片,有些城市暂无此要求。

1. 芯片的规格

芯片为超高频芯片,外观尺寸约为 3 mm×20 mm×80 mm(见图 4.2.16)。

图 4.2.16 芯片

2. 芯片的埋设

芯片内录入各项信息后,宜将其浅埋在构件成型表面,埋设位置宜建立统一规则,便于后期识别读取。埋设方法如下。

(1)竖向构件收水抹面时,将芯片埋置在构件浇筑面中心距楼面 60~80 cm 高处,带窗构件则埋置在距窗洞下边 20~40 cm 中心处,并做好标记。脱模前将打印好的信息表粘贴于标记处,便于查找芯片埋设位置。

(2)水平构件一般放置在构件底部中心处,将芯片粘贴固定在平台上,与混凝土整体浇筑。

(3)芯片埋深以贴近混凝土表面为宜,埋深不应超过 2 cm,具体以芯片供应厂家提供数据实测为准。

任务三 质量问题及预防措施

4.3.1 配合比设计、试验常见问题与预防措施

混凝土配合比设计过程中经常发生设计的配合比强度低、设计时坍落度选取不合理、设计

的配合比不能满足实际构件制作需求,以及设计配合比用的材料和实际使用的材料差异大等问题。下面逐一分析并给出预防措施和出现问题后的解决方案。

1.设计的配合比不能满足脱模强度需求

造成后果:构件脱模时强度达不到所需强度,造成生产延误,构件脱模时开裂、损坏,甚至引发安全事故等。

预防措施:

(1)根据常规的混凝土配合比设计流程进行设计的同时,还要考虑混凝土短期(一般为12~20小时)内的强度增长。图4.3.1就是因脱模时混凝土强度不足而造成构件开裂。

图4.3.1 构件脱模时开裂

(2)配合比设计时还应同时考虑生产工艺、天气温度、工期要求等各项因素。

2.设计的配合比 $28d$ 强度过低

造成后果:批次统计时构件混凝土强度合格率低,甚至造成构件报废。

预防措施:

(1)严格按配合比设计规程进行混凝土配合比设计。

(2)严禁套用经验数据或其他厂给的数据设计配合比。

(3)配合比设计用材料应与生产用材料一致。

(4)没有可靠的历史数据作为支撑时,避免采用有早强性能的材料,如早强型外加剂等。

3.设计配合比时坍落度选取不合理

造成后果:混凝土施工困难,严重时可导致混凝土离析(见图4.3.2)、空洞(见图4.3.2)等严重的质量问题。

图 4.3.2　混凝土离析　　　　　　　　图 4.3.3　空洞

预防措施：

(1)混凝土坍落度应选取合理，坍落度过大极易产生离析，一般构件厂自用的混凝土坍落度以 80 mm±25 mm 为宜，建议最大不要超过 120 mm。

(2)配合比设计时应考虑构件的特性，如外形尺寸、截面尺寸、内部配筋密度等。如阳台类构件，在设计配合比时必须对混凝土坍落度进行专项考虑，否则极易出现内阴角振空的现象。

(3)配合比设计时应同时考虑制作工艺，特别是成型、振捣方式，并结合工人的作业习惯。

(4)考虑使用的模具特性，如使用钢模、木模或是硅胶模的特性。

(5)考虑产品对观感的特殊要求。

4.设计配合比用的材料与实际生产用的材料差异过大

造成后果：影响混凝土的施工性能及质量，严重时可造成混凝土质量事故。

预防措施：

(1)设计配合比的材料应采用生产用的常规材料，不得做特殊化处理。

(2)用于混凝土的原材料品种、等级及供应商等宜固定，不得频繁变动。

(3)不得不换用与原材料差异较大的材料进行生产时，应在生产前进行试验，并根据试验结果对原配合比进行调整，保证施工性能及质量。

5.采用经验数据造成混凝土质量失控

混凝土离析是混凝土制备中较常发生的问题。轻微的离析会造成混凝土浇筑困难，降低混凝土强度。严重的离析会使构件出现分层(见图 4.3.4)、构件表面浆体包裹差、露砂石(见图 4.3.5)、构件表面浆体过厚产生龟裂(见图 4.3.6)以及混凝土强度大幅下降造成构件不合格等。

图 4.3.4 离析造成混凝土分层

图 4.3.5 离析造成混凝土表面露砂石

图 4.3.6 离析造成表面砂浆层厚,龟裂

1)用水量过大造成混凝土离析

造成后果:水灰比变大,严重影响混凝土强度。

预防措施:

(1)搅拌站应严格按配合比控制用水量,严禁听从使用人员要求随意加水。

(2)应确保水计量设备的各项性能均正常,计量偏差在允许范围内。

(3)手动配料状态下,搅拌机操作员应随时监控混凝土状态,补加水的时间和加水量应合适,不得在减水剂效应完全发挥前就一次性加水至坍落度符合要求。

2)骨料含水率变大时没有及时调整造成离析

造成后果:实际水灰比变大,影响混凝土强度和施工性。

预防措施:

(1)试验室应按要求抽测骨料含水率,当骨料含水率变大时应及时调整配合比。

(2)骨料宜室内存放,室外存放时应加遮盖,避免雨淋。

(3)进行含水率试验的样品取样时,取样方式应符合要求,能基本表征整批材料的含水率,不能仅从料堆的中上部取试样。

(4)实际使用的骨料应与进行含水率测定的骨料一致,未测定含水率的新进骨料严禁直接使用。

(5)露天搅拌设备的骨料仓应加遮盖,仓内骨料不得淋雨,见图4.3.7。

图 4.3.7　室外露天骨料仓应加遮盖

3)材料发生变化时没有及时调整造成离析

造成后果:混凝土质量及施工性能变差,影响混凝土强度。

预防措施:

(1)新进的原材料如水泥、骨料、外加剂等应先试验后使用,对于新进水泥需水量、新进骨料的含水率和新进减水剂的减水率等指标不得漏检。

(2)材料存放日久,存放期接近或超过有效期时,应取样复试合格,确保各项指标与进货时基本一致后,方可按原配合比使用。

4.3.2　混凝土强度不足的原因与预防措施

1. 造成混凝土强度不足的原因

1)原材料质量存在问题

(1)水泥质量不良、受潮或过期。

(2)骨料质量不良、骨料强度低、含泥量大或级配不好。

2)混凝土配合比存在问题

(1)随意套用配合比。

(2)随意增加用水量。

(3)水泥用量不足。

(4)砂、石配料计量不准。

(5)错用外加剂。

3)混凝土施工工艺存在问题

(1)混凝土搅拌过程中,向搅拌机内投料顺序不对,造成搅拌不均匀。

(2)运输过程中发现混凝土离析,没有及时处理而直接使用。

(3)浇筑时,混凝土已初凝。

(4)模具变形,模具连接处漏浆严重。

(5)浇筑振捣时,振捣不充分。

(6)预制混凝土构件养护不足。

2.预防措施

(1)原材料通过试验室检验合格后方可使用。

(2)严格控制混凝土配合比,严禁擅自更改配合比,严禁随意加水,搅拌时材料要按顺序往搅拌机内投放,并严格控制搅拌时间。

(3)每种型号的混凝土在搅拌第一盘时要做坍落度试验,坍落度不合格的混凝土不得用于预制构件制作,可用于车挡石等产品的生产。

(4)模具变形要及时整改,模具连接处可粘贴海绵条进行密封。

(5)振捣过程要充分,不得有漏振、过振情况发生。

(6)对混凝土进行充分养护。

4.3.3 蜂窝产生的原因与预防、处理措施

1.蜂窝产生的原因

(1)模板表面不光滑、不干净;组模缝隙过大,造成模具漏浆。

(2)混凝土没有按配合比准确投料(如砂子少、石子多),混凝土搅拌时间短、搅拌不均匀,浇筑时造成某些部位石子多而砂子少。

(3)混凝土没有分层投料浇筑,投料高度过大,造成骨料分离。

(4)混凝土入模后振捣不好,造成漏振或过振。

2.预防及处理措施

(1)混凝土浇筑前,应认真检查模具缝隙,发现缝隙大时要及时修整,必须保证模具缝隙严密;模具表面要清除灰浆等脏物,并涂刷好脱模剂。

(2)混凝土要严格按照配合比准确投料,且要严格控制好水灰比、坍落度及搅拌时间。

(3)混凝土要分层投料浇筑,每层投料量不得超过 300 mm。

(4)振捣要充分,待出现泛浆混凝土不再下沉,即可停止振捣。采用插入式振捣器时,振捣器要快插慢拔。

(5)构件脱模后,发现蜂窝应及时处理,将松动的石子凿除后用水清洗,再用比原强度等级

高一级的细石混凝土填补,同时采取养护措施使其强度达到设计要求。

4.3.4 混凝土强度等级错误预防措施

1. 混凝土强度等级错误类型

预制构件制作过程中,容易发生的混凝土强度等级错误包括以下几方面。

(1)下达的配合比与构件要求不符。

(2)同时生产不同强度等级的构件,只有一套混凝土搅拌系统,变换混凝土强度等级时,对应的构件出错。

(3)组合构件强度等级不一致,但使用了相同强度等级的混凝土。如梁柱一体化构件莲藕梁,梁的部分是C30混凝土,莲藕部分即柱的部分是C40混凝土,结果都浇筑同样等级的混凝土。都使用高强度等级的混凝土,不仅浪费,而且违背了强柱弱梁的原则;都使用低强度等级的混凝土,就会造成构件结构不安全。

(4)为了缩短构件养护时间,不惜提高混凝土强度等级,最终验收时构件的混凝土强度标准值远超设计值。这种情况在抢工时容易发生。应当通过其他措施来提高混凝土早期强度,如蒸汽养护、加早强剂、降低混凝土坍落度等。

(5)预制构件实际混凝土强度等级低于设计值的情形还包括:原材料供应质量下降(含泥量增加);搅拌时施工配合比采用的砂石含水率不准,导致用水量增加;现场浇筑前工人或运输司机私自加水;减水剂质量波动(减水率降低)等。

2. 流水线工艺预防混凝土强度等级错误的预防措施

采用流水线工艺,预防混凝土强度等级出现差错的预防措施包括以下几方面。

(1)多条流水线:采用人工与软件交叉复核的方式确保混凝土输送到正确的浇筑工位。

(2)一条流水线:在浇筑机上方取样,从混凝土和易性、早期强度来复核混凝土强度等级。

(3)自动控制程序:通过设定搅拌机参考电流、原材料计量、和易性、出机等待等指标超差报警机制,及时发现实际使用混凝土配合比的变化。

(4)人工控制或复核程序:通过经验丰富的质检员进行巡检,及时发现混凝土在搅拌、运输、浇筑过程中的异常情况,防止混凝土强度等级出现差错。

3. 固定模台工艺预防混凝土强度等级错误的预防措施

采用固定模台工艺,预防混凝土强度等级差错的具体措施包括以下几方面。

(1)运输车:采用固定模台生产构件时,混凝土通常间歇式供应,常用搅拌运输车输送混凝土,当混凝土强度等级发生变化时,混凝土在运输车里的状态也会有所不同,有经验的质检员能够及时识别。

(2)变换复核:浇筑工位上的工人或管理人员要对每一次供货来的混凝土对照送货单进行

复核,避免错用。

(3)料斗挂盘:当工厂生产量较大时,不同强度等级的混凝土应采用不同的料斗,便于工人直观操作,避免混凝土强度等级出现差错。

(4)模具与料斗扫码:当工厂充分引入二维码、芯片等手段进行过程管理时,可以通过软件系统辅助识别模具、料斗、混凝土之间的关联关系,一旦人工操作失误,系统自动报警锁死,从而避免混凝土配合比发生差错。

(5)组合构件,小型搅拌机配合:当生产不同强度等级的组合构件时,由于混凝土浇筑量小,但要求配合的及时性高,所以可以采用小型搅拌机辅助生产混凝土。

4.3.5 混凝土振捣常见问题与预防措施

在混凝土振捣工艺中常见的问题有过振、欠振、振捣方法不规范及振捣设备选择不当等,可能因此而造成混凝土分层,振捣不密实,出现蜂窝、露筋、预埋件移位及胀模等后果。

1. 过振

过振在混凝土振捣过程中发生频率较高,其主要原因是振捣工人经验不足,没有根据实际情况调整振捣方法和时间。

造成后果:混凝土分层、胀模,影响产品质量,严重的会造成产品报废。

预防措施:

(1)混凝土振捣必须按操作规程并由有经验的工人进行作业。

(2)根据实际情况采用合适的振捣方法,并控制好振捣的时间;如混凝土坍落度小、振捣力矩小、产品配筋密,振捣时间宜适当加长,反之,振捣时间宜缩短。

(3)振捣过程中,严禁在同一部位长时间振捣。

(4)当换用不同种类的振捣设备时,应先核对相关参数并经试验确定振捣时间。

2. 欠振

混凝土欠振的原因与过振基本相同,但造成的后果却有明显不同。

造成后果:振捣不密实、蜂窝、空洞、露筋、混凝土表面气泡多等。

预防措施:

(1)混凝土振捣必须按操作规程并由有经验的工人进行作业。

(2)应按制订的振捣工艺进行振捣,根据混凝土性状、振捣棒规格、配筋密度等因素确定合适的插入间距;振捣棒应快插慢拔,振捣时间应满足要求。

(3)不得出现漏振现象。

(4)换用小规格的振捣棒时,应减小插入间距并适当延长振捣时间。

3. 振捣方法不规范

混凝土振捣方法不规范是指振捣时没有采用预定的振捣方式、振捣时间不符合要求或采用插入式振捣棒时插入间距不合理等。发生此类问题的常见原因多为没有制订合适的振捣工艺规程、对振捣工艺培训不到位及操作人员执行不到位等。

造成后果：混凝土不密实、出现漏振、露筋、蜂窝、空洞、混凝土分层或离析、预埋件移位、模具胀模、钢筋骨架偏位或变形等。

预防措施：

(1) 混凝土振捣应制订合理的振捣工艺规程并严格执行。

(2) 振捣操作人员必须有实际作业经验并经工艺培训。

(3) 制定生产作业制度，对操作人员加强教育，作业过程中设专人监督。

4. 振捣设备选择不当

常用的混凝土振捣方式有附着式振捣、插入式振捣、表面平板振捣及模台整体振捣。附着式振捣多用于高大立模，插入式振捣多用于高度不大或可分层浇筑的构件，表面平板振捣在水平浇筑楼板、墙板时应用较多，模台整体振捣在自动流水线或流动模台生产线上使用广泛。振捣设备选取不当，会导致混凝土成型质量差及生产效率降低。

造成后果：振捣不密实、成本增加、工效降低，甚至可能出现废品。

预防措施：应了解振捣设备的特性和所生产的产品的特性，并根据产品成型工艺选择合适的振捣设备。如采用固定模台工艺振捣平板类的构件，宜采用插入式振捣，采用立模法生产时则宜采用附着式振捣配合使用插入式振捣，自动线上生产平板类构件，采用模台整体振捣效率更高。具体可参见表4-11。

表4-11 生产方式、构件类型与振捣设备选择

序号	生产方式	构件类型	振捣设备选择
1	固定模台	平板类构件	插入式振捣或附着式振捣
2	固定模台	异形构件	插入式振捣
3	固定模台	高大立模	插入式振捣＋附着式振捣
4	固定模台	厚度较小且成型面工装较少的构件	表面平板振捣
5	自动生产线	平板类构件	模台整体振捣

5. 混凝土初凝后振捣扰动

混凝土初凝后振捣扰动通常有下列几种情况。

(1) 采用流动模台或自动生产线生产时，同一模台上有多个构件，生产时不连续布料或布料间隔时间过长，在振捣后一个构件时，前一构件的混凝土已临近或超过初凝时间，导致其混凝土

受到扰动。如同一模台上的构件超过 2 个,则影响更大。

(2)需要两次浇筑工艺的产品(如夹心保温板),在一次浇筑完成后没有控制好后续作业的时间,作业时间过长,导致在二次浇筑时,前面已经浇筑的混凝土已临近初凝或超过初凝时间而受到扰动。

造成后果:影响混凝土正常凝结,使混凝土强度下降;影响混凝土内的预埋件与混凝土的粘结,造成预埋件松动,严重的可造成产品报废甚至引发安全事故。

预防措施:

(1)采用流动模台或自动生产线生产时,同一模台上有多个构件,宜统一布料,同时振捣;特殊情况必须分开作业时,应保证振捣间隔时间不超过混凝土的初凝时间。

(2)同一模台振捣次数不宜超过两次。超过两次时,应确保最后一次振捣的时间不超过最先浇筑的混凝土的初凝时间。

(3)二次浇筑工艺中,应严格控制好一次浇筑后续工作的作业时间,确保在一次浇筑混凝土初凝前将二次浇筑部分的混凝土入模并完成振捣。同时,作业过程中应尽可能避免扰动混凝土内的预埋件。

4.3.6 表面压光或拉毛常见问题与预防措施

混凝土成型的最后一道工序是表面压光或拉毛,其施工质量直接影响产品表观质量,严重的会造成产品验收不合格。混凝土表面压光或拉毛过程中最常见的问题及造成的后果见表 4-12。

表 4-12 混凝土表面压光或拉毛过程中最常见的问题及造成的后果

序号	表面施工要求	常见问题	造成后果
1	压光	表面平整度差	验收不合格
2		压抹痕迹明显	表观质量差,增加修补成本
3		压光表面空鼓、起皮	表观质量差,增加修补成本
4	拉毛	拉毛深度不足	表观质量差,增加修补成本
5		拉毛面积达不到要求	表观质量差,增加修补成本
6		拉毛形式不符	表观质量差,增加修补成本

4.3.6.1 表面压光常见问题及其预防

表面平整度差、压抹痕迹明显及压光表面空鼓、起皮是混凝土表面压光作业中最常见的问题,直接影响产品表观质量,严重的会造成产品验收不合格。

1.表面平整度差

混凝土表面平整度差是表面压光作业中最常发生的问题,产生的原因多为操作人员不熟练、未按施工工艺要求作业、最后一遍压光的时间控制不合理等。

造成后果:压光面观感差,甚至造成产品验收不合格。

预防措施:

(1)压光作业的人员应是熟练的抹灰工或粉刷工。

(2)应制订表面压光工艺规程并应对工人进行施工工艺培训;压光作业最少不得少于3遍抹压,第一遍用不小于2 m的铝合金方管刮压,确保大面平整;第2遍用木质或塑料的搓板仔细拍压提浆,压实搓平,边角缺料补齐;第3遍用钢泥板压光表面。

(3)最后一遍压光的时间应控制在临近混凝土初凝时,以手指轻压混凝土表面没有明显凹痕且手指上不沾浆水时为宜。

2.压抹痕迹明显

造成混凝土成型表面压抹痕迹明显的原因通常是工人操作不熟练或责任心不强、工作不仔细。

造成后果:产品表面观感差,增加修补成本。

预防措施:

(1)压光作业的人员应是熟练的抹灰工或粉刷工。

(2)通过培训提高作业人员的业务素质。

(3)加强作业过程的监督管理及考核,从制度上保证作业人员细致工作

3.压光表面空鼓、起皮

混凝土表面压光时违规作业或抹压次数过多,常会出现混凝土表面空鼓或起皮的现象。

造成后果:混凝土表观质量差,增加后期处理成本,甚至造成产品验收不合格。

预防措施:

(1)应由熟练工进行操作,控制好压光的时间。

(2)最后一遍压光时,不得采用贴补方法多次抹压找平表面,且不得加水抹压。

4.3.6.2 拉毛常见问题及其预防

混凝土表面拉毛中常见的问题有拉毛深度不足、拉毛面积不足、拉毛形式不符等。

1.拉毛深度不足

一般有拉毛深度要求的多发生在二次浇筑叠合面上,导致混凝土表面拉毛深度不足的原因有拉毛过早、拉毛的工具不合适、拉毛时用力不足等。

造成后果:二次浇筑粘结效果差,增加后期处理成本甚至造成产品验收不合格。

预防措施：

(1) 拉毛作业的时间安排在混凝土表面初凝后为宜。

(2) 拉毛应使用专用工具，最好采用滚轮式拉毛工具，如采用耙式拉毛工具，应经常检查耙尖磨损程度并修正。

(3) 拉毛时用力要适度，用力过轻会导致拉毛深度不足，且在一个拉毛行程内应保持力度均匀。

2. 拉毛面积达不到要求

拉毛面积达不到要求的原因为拉毛工具的齿距或轮片距过大、桁架钢筋或工装架过多等。

造成后果：二次浇筑粘结效果差，会增加后期处理成本甚至可能造成产品验收不合格。

预防措施：

(1) 调整耙式拉毛工具的齿距或滚轮式拉毛工具的轮片距。

(2) 当拉毛表面桁架钢筋或工装架较多时，在边角、死角应进行手工补拉。

3. 拉毛形式不符

常见的拉毛形式有拉粗毛和拉细毛。拉粗毛多用于二次浇筑叠合面的处理，如叠合楼板、叠合梁等的上表面，常用耙式或滚轮式的拉毛工具作业。拉细毛多用于墙板的内墙面，方便后期进行墙面处理，常用中、细丝的扫把、笤帚等扫毛。造成拉毛形式不符的主要原因是工人对拉毛的作用不明确及责任心不强。

造成后果：影响现场施工，增加后期处理成本。

预防措施：

(1) 加强对工人专业知识的培训。

(2) 加强对工人的责任心教育，加强作业过程的监督管理。

4.3.7 混凝土运送常见问题与预防措施

混凝土运送过程看似不会直接影响混凝土质量，其实不然，混凝土运输处理不当也会发生粗骨料与浆体分层、坍落度损失大和混凝土水灰比发生变化等问题。

1. 粗骨料与浆体分层

造成后果：影响混凝土的施工性能，严重时会影响混凝土的强度。

预防措施：

(1) 严格控制坍落度，确保混凝土出机时具有良好的和易性。

(2) 混凝土从拌机下料的高度应合适，且应避免直落，无法避免时，可采用加斜接口或溜槽。

(3)混凝土运送时,应避免剧烈震动、晃动和颠簸。

(4)混凝土运送距离超过 10 min 时,运输工具应增加搅拌装置(见图 4.3.8)。

图 4.3.8 有自动搅拌功能的混凝土罐车

(5)混凝土运送到使用地点出料前或出料后,宜进行二次搅拌。

(6)对已经发生分层的混凝土,应二次搅拌均匀后方准使用。

2.坍落度损失大

造成后果:混凝土浇筑困难,易造成振捣不密实、成型构件出现空洞或露筋等现象,影响产品质量。

预防措施:

(1)结合运输条件预先考虑坍落度损失,在采用敞开式运输、环境气温较高、运送距离较长、室外运输等条件下,坍落度损失大,反之则小。混凝土配比中应对坍落度损失影响因素予以全面充分考虑。

(2)室外敞开式运输必须加遮盖。

(3)配合比设计要结合水泥、减水剂等材料的实际性能,如果是新进的水泥,温度较高,也会造成需水量和坍落度损失增加。

(4)对坍落度损失过大的混凝土应通知试验室进行调整,一般可适量添加减水剂并搅拌均匀,至坍落度满足要求后再使用。

3.混凝土水灰比发生变化

造成这种问题只有一个原因,就是雨天室外运输而无遮盖。

造成后果:混凝土坍落度变大甚至离析,严重时会影响混凝土的强度。

预防措施:

(1)雨天室外运输必须严密遮盖(见图 4.3.9),防止雨水进入混凝土。

(2)混凝土运送最好走室内运输线路。

如混凝土已经发生水灰比变化,则严禁使用。

图 4.3.9 混凝土运输加遮盖

课后题

一、选择题

1. 对水泥质量有怀疑或水泥（　　）超过 3 个月。
   A. 出炉　　　　　B. 出罐　　　　　C. 出仓　　　　　D. 出厂
2. 预制墙板混凝土用砂一般以（　　）为宜。
   A. 粗砂　　　　　B. 中砂　　　　　C. 中、粗砂　　　D. 细沙
3. 预制墙板的混凝土浇筑时，墙板底层混凝土强度达到（　　）以上时方可进行保温材料敷设。
   A. 1.2 MPa　　　　　　　　　　　　B. 1.5 MPa
   C. 设计强度的 30%　　　　　　　　D. 设计强度的 75%
4. 带夹心保温材料的预制墙板宜采用（　　）成型。
   A. 平模工艺　　　B. 立模工艺　　　C. 台模工艺　　　D. 大模工艺
5. 预制墙板浇筑混凝土时，混凝土坍落度是（　　）。
   A. 300 mm　　　　B. 500 mm　　　　C. 800 mm　　　　D. 2000 mm
6. 钢筋混凝土结构、预应力混凝土结构中严禁使用含（　　）的水泥。
   A. 氧化物　　　　B. 氯化物　　　　C. 铁　　　　　　D. 锰
7. 配制预制墙板混凝土时，应以（　　）为准。
   A. 实验室配合比　　　　　　　　　B. 施工配合比
   C. 生产配合比　　　　　　　　　　D. 厂家配合比
8. 混凝土制备时，水泥计量的允许偏差应（　　）。
   A. ≤±1%　　　　　B. ≤±2%　　　　C. ≤±3%　　　　D. ≤±5%
9. 混凝土制备时，外加剂计量的允许偏差应（　　）。
   A. ≤±1%　　　　　B. ≤±2%　　　　C. ≤±3%　　　　D. ≤±5%

10. 混凝土制备时,使用液态外加剂,为防止沉淀要( )。
    A. 提前加入   B. 随用随搅拌
    C. 搅拌完成再加入   D. 静止一段时间再加入
11. 带夹心保温材料的预制墙板宜采用( )工艺成型,当采用一次成型工艺时应先浇筑( )混凝土层,再安装保温材料和连接件。
    A. 平模 内叶   B. 立模 内叶   C. 平模 外叶   D. 立模 外叶
12. 预制楼板与后浇混凝土的结合面或叠合面应按设计要求制成( )和( )。
    A. 光滑面 凹槽   B. 光滑面 键槽   C. 粗糙面 键槽   D. 粗糙面 凸槽
13. 预制墙板制作时,混凝土冬季搅拌时间不得少于( )。
    A. 60 s   B. 90 s   C. 120 s   D. 150 s
14. 预制墙体保温材料应与底层混凝土固定,当多层敷设时上、下层接缝应( )。
    A. 错开   B. 平行   C. 重叠   D. 隔开
15. 预制墙体混凝土浇筑时,对于外叶振捣后应当对边角进行( ),保证构件外叶与保温板间无缝隙。
    A. 一次抹平   B. 二次抹平   C. 三次抹平   D. 多次抹平
16. 预制叠合楼板采用拉毛处理方法时,应在混凝土达到( )完成。
    A. 初凝前   B. 初凝后   C. 终凝前   D. 终凝后
17. 预制混凝土楼梯的混凝土浇筑应采用( )成型方式。
    A. 人工振捣   B. 机械振捣   C. 振动台振捣   D 外部振捣
18. 预制墙板混凝土的水泥宜采用不低于( )级硅酸盐、普通硅酸盐水泥。
    A. 32.5   B. 42.5   C. 52.5   D. 62.5
19. 预制墙板混凝土当采用垂直浇筑成型工艺时,保温材料可在混凝土( )放置固定。
    A. 浇筑前   B. 浇筑中
    C. 浇筑后   D. 浇筑后静止一段时间
20. 在已制作好的模具内进行加工预制混凝土墙板,下列选项不属于其生产工序的是( )。
    A. 清理模板   B. 安装预制构件 C. 模内布筋   D. 养护

二、简答题
　　1. 混凝土剪力墙浇筑混凝土前,各项检查内容包括哪些?
　　2. 预制混凝土剪力墙的混凝土浇筑时,应满足什么要求?
　　3. 带夹心保温材料的预制混凝土剪力墙体采用平模工艺成型时的施工工艺是什么?
　　4. 预制楼板的混凝土浇筑工艺是什么?
　　5. PK预应力混凝土叠合板的优点是什么?
　　6. 预制混凝土板混凝土制作要求是什么?
　　7. 混凝土原材料应按品种、数量分别存放,存放应符合哪些规定?
　　8. 预制楼梯的施工工艺是什么?

项目五　预制混凝土构件蒸养与起板入库

思政小课堂

创新。"工匠精神"还包括追求突破、追求革新的创新内涵。古往今来,热衷于创新和发明的工匠们一直是世界科技进步的重要推动力量。新中国成立初期,我国涌现出一大批优秀的工匠,如倪志福、郝建秀等,他们为社会主义建设事业做出了突出贡献。改革开放以来,"汉字激光照排系统之父"王选,"中国第一、全球第二的充电电池制造商"王传福,从事高铁研制生产的铁路工人和从事特高压、智能电网研究运行的电力工人等,他们都是"工匠精神"的优秀传承者,他们让中国创新重新影响了世界。

任务描述

构件生产厂技术员赵某接到某工程预制混凝土剪力墙外墙的构件制作和混凝土浇筑任务,其中标准层是一块带一个窗洞的矮窗台外墙板,选用了标准图集15G365-1《预制混凝土剪力墙外墙板》中编号为 WQCA-3028-1516 的外墙板。该外墙板所属工程的结构及环境特点如下:

该工程为政府保障性住房,位于××西侧,××北侧,××南侧,××东侧。工程采用装配整体式混凝土剪力墙结构体系,预制构件包括:预制夹心外墙、预制内墙、预制叠合楼板、预制楼梯、预制阳台板及预制空调板。该工程地上11层,地下1层,标准层层高2.8 m,抗震设防烈度7度,结构抗震等级三级。外墙板按环境类别一类设计,厚度为200 mm,建筑面层为50 mm,采用混凝土强度等级为C30,坍落度要求35~50 mm。

赵某现需要结合项目四中所浇筑的外墙板 WQCA-30280-1516 进行该外墙板的蒸养与起板入库工作。

学习方法

抓核心:遵循"熟练识图—精准施工—质量管控—组织验收"知识链。

重实操:不仅要有必需的理论知识,更要有较强的操作技能,认真完成配备的实训内容,多去实训基地观察、动手操作,提高自己解决问题的能力。

举一反三:在掌握基本知识的基础上,不断总结,举一反三,以不变应万变,真正掌握预制构件养护、存放要求与吊装技术。

知识目标

掌握预制构件养护要求及注意事项；
掌握预制构件脱模与起吊要求；
掌握预制构件存放要求。

能力目标

能进行预制构件的起吊；
能进行混凝土预制构件成品检测。

能力目标

认真负责，团结合作，维护集体的荣誉和利益；
努力学习专业技术知识，不断提高专业技能；
遵纪守法，具有良好的职业道德；
严格执行建设行业有关标准、规范、规程和制度。

任务一　养护方式的认知

养护是混凝土质量的重要环节，对混凝土的强度、抗冻性、耐久性有很大的影响。

5.1.1　养护方式与特点

传统混凝土预制构件的养护方式有自然养护、蒸汽养护、热拌混凝土热模养护、太阳能养护、远红外线养护等，其中常用自然养护、蒸汽养护两种方式。

预制构件成型后自然养护至混凝土达到终凝，小心拆除预制构件的边模，在预制构件上层洒足量水，然后加盖保湿薄膜静停，自然养护到预制构件达到起吊强度，这就是混凝土预制构件覆膜保湿的自然养护。自然环境下进行养护，需保持混凝土表面湿润，养护时间不少于 7 天。自然养护成本低，简单易行，但养护时间长、模板周转率低，占用场地大。

蒸汽养护简称蒸养，是将构件放置在有饱和蒸汽或蒸汽与空气混合物的养护室内，在较高的温度和湿度的环境下进行养护，以加速混凝土的硬化，使之在较短的时间内达到规定的强度标准值。混凝土预制构件蒸养又分为传统混凝土预制构件蒸养和 PC 构件蒸养两种。

5.1.1.1　传统混凝土预制构件蒸养

传统混凝土预制构件蒸养可缩短养护时间，模具周转率相应提高，占用场地大大减少。蒸汽养护效果与蒸汽养护制度有关,它包括养护前静置时间、升温和降温速度、养护温度、恒温养护时间、相对湿度等。蒸汽养护的过程可分为静停、升温、恒温、降温等四个阶段。

1. 静停阶段

静停阶段是混凝土构件成型后,在室温下停放养护,以防止构件表面产生裂缝和疏松现象。混凝土全部浇捣完毕后的静停时间不宜少于2小时。

2. 升温阶段

升温阶段是构件的吸热阶段,升温速率应为 10～20 ℃/h,升温速度不宜过快,以免构件表面和内部温差太大而产生裂纹。

3. 恒温阶段

恒温阶段是升温后温度保持不变的阶段,此时混凝土强度增长最快,这个阶段应保持90%以上的相对湿度,蒸养时间不低于4小时,宜为6～8小时,梁、柱等较厚的预制构件养护最高温度为 40 ℃,叠合板、墙板等较薄的预制构件或冬季生产时,养护温度不高于 60 ℃。

4. 降温阶段

降温阶段是构件的散热过程,降温速度不宜过快,降温速率不宜大于 10 ℃/h,构件出窑后,构件表面与外界温差不得大于 20 ℃,当温差较大时,应立即覆盖薄膜养护。

5.1.1.2 PC 构件蒸养

1. 养护窑功能与组成

为了大批量生产,减少占地面积,同时更为了保证构件的强度,国内 PC 构件工厂借鉴国外先进技术,目前主要采用养护窑低温集中蒸养的方式,如图 5.1.1 所示。

图 5.1.1　养护窑

养护窑主要由窑体、蒸汽管路系统、模板支撑系统、窑门装置、温控系统及电气控制系统等组成。养护窑通过立体存放,提高了车间面积利用率;通过自动控制温度、湿度,缩短了混凝土构件养护时间,提高了生产率。

2. 设备特点

养护窑具有如下特点:

(1)窑体由模块化设计的钢框架组合而成,便于维修。

(2)窑体外墙用保温型材拼合而成,保温性能较好。

(3)每列构成独立的养护空间,可分别控制各孔位的温度。

(4)窑体底部设置地面辊道,便于模板通过。

(5)由PLC控制的温度、湿度传感系统可自行构成闭环的数字模拟控制系统,使窑内形成一个符合温度梯度要求的、无温度阶跃变化的温度环境。

(6)中央控制器采用工业级计算机,具有实时温度记录曲线或报表打印功能,同时还可以进行历史温度实时记录的回放等。

3. 设备操作及注意事项

1)养护窑门开启和关闭

操作码垛车的挑门装置,即可完成养护窑门的开启和关闭动作。

2)养护窑的存、取板

操作码垛车托架的移动、顶推装置,即可完成养护窑的存、取板动作。

4. 养护特点

使用养护窑进行构件蒸养,其特点包括以下几方面。

(1)恒温蒸养,温度不超过60 ℃。

(2)辐射式蒸养,热介质通过散热器加热空气,之后传递给构件,并使之加热。

(3)多层仓位存储,每个窑可同时蒸养多个构件,蒸养构件数量取决于蒸养窑的大小。

(4)构件连同模台由码垛机控制进仓和出仓。

(5)窑内设计有加湿系统,根据构件要求,可调整空气的湿度。

5. 低温集中蒸养的优点

(1)可大批量生产,进仓和出仓与生产线节拍同步。

(2)节省能源,窑内始终保持为恒温,热能的利用率高。

(3)码垛机采用自动控制,进仓和出仓方便。

(4)热量损失小,只是在开门时产生热损。

5.1.2 构件养护

5.1.2.1 墙板构件养护要求

(1)在条件允许的情况下,预制墙板推荐采用自然养护。当采用蒸汽养护时,应按照养护制度的规定进行温控,避免预制构件出现温差裂缝。对于夹心外墙板的养护,还应考虑保温材料的热变形特点,合理控制养护温度。

(2)夹心保温外墙板采取蒸汽养护时,养护温度不宜大于 50 ℃,以防止保温材料变形造成对构件的破坏。

(3)预制构件脱模后可继续养护,养护可采用水养、洒水、覆盖和喷涂养护剂等其中一种或几种相结合的方式。

(4)水养和洒水养护的养护用水不应使用回收水;水中养护应避免预制构件与养护池水有过大的温差;洒水养护次数以能保持构件处于润湿状态为度,且不宜采用不加覆盖仅靠构件表面洒水的养护方法。

(5)当不具备水养或洒水养护条件或当日平均气温低于 5 ℃时,可采用涂刷养护剂方式;养护剂不得影响预制构件与现浇混凝土面的结合强度。

5.1.2.2 板构件养护要求

(1)混凝土表面成型抹光收面后先静停养护 2 小时,然后再通入蒸汽养护。冬季养护应及时覆盖,养护期间注意避免触动混凝土成型面。

(2)制定养护制度:静停时间不少于 2 小时,升、降温速度每小时不超过 20 ℃,蒸养最高温度不超过 70 ℃。

(3)保证蒸汽养护期间冷凝水不污染构件。

(4)严格按养护制度进行养护,不得擅自更改。

(5)规定测温制度:静停和升、降温阶段每 1 小时测 1 次温度,恒温阶段每 2 小时测 1 次温度,出池时应测出池温度,并做好测温记录。

(6)严禁将蒸汽管直接对着构件。

5.1.2.3 楼梯构件养护要求

1. 养护方式与养护时间

楼梯构件养护可采用蒸汽养护、覆膜保湿养护、自然养护等方法。对采用硅酸盐水泥、普通硅酸盐水泥或矿渣硅酸盐水泥拌制的混凝土,养护时间不得少于 7 天;对掺用缓凝型外加剂或有抗渗要求的混凝土,养护时间不得少于 14 天。冬季采取加盖养护罩蒸汽养护的方式,养护罩内、外温差小于 20 ℃时,方可拆除养护罩进行自然养护,自然养护时要保持楼梯构件表面湿润。楼梯构件表面覆盖毛毡保湿示意图如图 5.1.2 所示,其他要求参考墙板和楼板的相关规定。

图 5.1.2 覆盖保湿养护示意图

2. 楼梯构件蒸养方案

1)升温阶段

浇筑混凝土时,在混凝土初凝后(一般为10小时),开始通入少量蒸汽,一是保温防冻,二是让楼梯模具里的温度慢慢升高。控制升温速度每小时不超过10 ℃,持续时间一般为8小时,温度最高升到45 ℃。

2)恒温阶段

模内温度达到45 ℃后进入高温蒸养阶段。在升温阶段末期要进行一次洒温水养护,高温蒸养阶段必须保证混凝土表面湿润,持续时间为10小时,在高温蒸养末期再洒一次水,然后进入降温阶段。

3)降温阶段

降温阶段采用自然降温即可,控制降温速度每小时不超过10 ℃,持续时间一般为12小时,此过程也要保证混凝土表面湿润,注意多次洒温水养护。降温完成后(模内与外界温差不大于15 ℃)测试强度,达到拆模强度(设计强度的75%)后即可组织拆模。

任务二　构件脱模与起吊

5.2.1　机具介绍

5.2.1.1　码垛车

1.组成及功能

码垛车如图5.2.1所示。

图 5.2.1 码垛车

码垛车主要由走行系统、框架结构、提升系统、托板输送架、取送模机构、抬门装置、纵向定位机构、横向定位机构、电气系统等组成。码垛车主要用于将振捣密实的构件(带模具)从模台输送线上取下,送至立体养护窑指定位置,或者将养护好的构件(带模具)从养护窑中取出送回模台输送线上。

2. 设备特点

码垛车具有如下工作特点。

(1)码垛车具有本地和远程中控室两种操作形式,其中本地操作又有自动和手动两种模式。自动模式可任意设置动作循环;配合视频系统,可以远程操作,实现现场无人值守。

(2)动作流程主要包括码垛车接板、送板、存板、取板动作,每一个动作必须在前一个动作完成并得到确认后方可进行。

(3)自动模式下,只需选定需要操作的窑号或位置,点击"存板"或"取板"即可按照动作流程完成相应存板或取板命令。

(4)自动模式下,存、取板动作完成一次后,相应的窑会被程序记忆为"有板"(红色)或"无板"(绿色)。手动模式下,完成操作后,要求操作员进入触屏界面进行设置确认,以免造成"有板""无板"显示假象。

(5)操作员可从触屏界面监控到目前执行的工作步骤和各个机构的状态,以及报警信息。

3. 设备操作及注意事项

(1)操作之前,操作员需要在触屏上进行身份登录。

(2)手动模式下,操作员务必牢记动作流程,按动作流程一步步进行,切不可心急越步,以免造成设备损坏和人员伤害。

(3)日常操作推荐使用自动模式,解决故障或应急使用时采用手动模式。

5.2.1.2 翻板机

翻板机如图 5.2.2 所示。

1. 组成及功能

翻板机主要由固定台座、翻转臂、托座、托板保护机构、电气控制系统、液压控制系统组成。其功能主要是将已经养护完成,不能水平吊起或需要竖起运输的预制构件,在线翻起接近直立,以便竖直起吊。

2. 设备特点

翻板机具有如下工作特点。

(1) 采用液压托举系统,翻转平稳,无噪声。

(2) 设有模板翻起自动锁紧装置,确保在任意位置模板均不能自由移动。

(3) 具有能够自动调整位置的构件托起装置,以保证预制构件在翻起时不致下滑。

(4) 设有最高位自动保护装置,确保不会因误操作而翻起超过 90°。

图 5.2.2 翻板机

3. 设备操作及注意事项

1) 模台进入

翻转臂下降到位后,即可按驱动线操作程序操作输送线操作盒相应按钮,驱动模台由左(右)方向进入翻板机工位。

2) 模台夹紧

模台就位后,按下控制台上的翻转臂上升键,通过程序控制,翻板机自动完成模台夹紧动作。

3) 托架抵紧

模台夹紧后,按下控制台上的翻板托架抵紧键,将托架抵紧混凝土预制板。

4）翻板

翻板模台抵紧后，即可开始翻板，再次按下控制台上的翻转臂上升键，顶升油缸顶起模台，模台缓步侧翻转至70°～85°，完成翻板作业。

5）混凝土预制板送出，模台回放

使用起吊工具将混凝土预制板吊出后，按下控制台上的翻转臂下降键，顶升油缸回落，到达水平位置时，通过程序控制，翻板机自动完成模台松开动作。

5.2.1.3 滚轮输送线

滚轮输送线如图5.2.3所示。

图5.2.3 滚轮输送线

1．组成及功能

滚轮输送线主要由滚轮支撑装置、变频调速摩擦驱动装置、电气控制系统组成，主要用于生产线上的空模板及带混凝土构件制品模板的输送。

2．设备特点

滚轮输送线具有如下工作特点。

(1)采用焊接式支撑滚轮，支撑力大，定位精度高。

(2)特殊材料的摩擦轮，摩擦系数大，传动力大。

(3)圆柱弹簧调整结构，调整方便，驱动平稳。

(4)单一工位操作盒，操作直观，安全性高。

(5)变频电机驱动，结构简单，可变速操作。

5.2.2 常规的预制构件脱模流程

5.2.2.1 常规构件脱模流程

常规的预制构件脱模流程如下所述。

(1)拆模前，应做混凝土试块同条件抗压强度试验。试块抗压强度应满足设计要求且不宜小于 15 MPa,预制构件方可脱模。

(2)试验室根据试块检测结果出具脱模起吊通知单。

(3)生产部门收到脱模起吊通知单后安排脱模。

(4)拆除模具上部固定预埋件的工装。

(5)拆除安装在模具上的预埋件的固定螺栓,见图 5.2.4。

图 5.2.4 拆除边模固定螺栓

(6)拆除边模、底模、内模等的固定螺栓。

(7)拆除内模。

(8)拆除边模。

(9)拆除其他部分的模具。

(10)将专用吊具安装到预制构件脱模埋件上,拧紧螺栓。

(11)用泡沫棒封堵预制构件表面所有预埋件孔,吹净预制构件表面的混凝土碎渣。

(12)将吊钩挂到安装好的吊具上,锁上保险。

(13)再次确认预制构件与所有模具间的连接已经拆除。

(14)确认起重机吊钩垂直于预制构件中心后,以最低起升速度平稳起吊预制构件,直至构件脱离模具(见图 5.2.5)。

图 5.2.5 预制构件起吊

5.2.2.2 流水线工艺脱模操作规程

流水线工艺多采用磁盒固定模具,其脱模操作规程如下。

(1)按脱模起吊通知单安排脱模。

(2)打开磁盒磁性开关,拆卸磁盒,确保拆卸不存在遗漏。

(3)拆除与模具连接的预埋件固定螺栓。

(4)将边模平行向外移出,防止损伤预制构件边角。

(5)如预制构件需要侧翻转,应在侧翻转工位先进行侧翻转,侧翻转角度在80°左右为宜。

(6)选择适用的吊具,确保预制构件能平稳起吊。

(7)检查吊点位置是否与设计图样一致,防止预制构件起吊过程中产生裂缝。

(8)预制构件起吊见图5.2.6。

图5.2.6 预制构件侧翻转后起吊

5.2.2.3 固定模台工艺脱模操作规程

固定模台(包括独立模具)工艺多采用定位销和螺钉固定模具,其脱模操作规程如下。

(1)根据脱模起吊通知单安排脱模。

(2)拆除定位销和螺钉,注意严禁用振动、敲打方式拆卸。

(3)除无须侧翻转外,其他步骤与流水线工艺脱模操作规程相同。

5.2.2.4 预制构件脱模与起吊要求

1. 预制墙板构件脱模要求

预制墙板脱模需满足下列要求。

(1)构件蒸养后,蒸养罩内、外温差小于20℃时方可进行脱模作业。

(2)构件脱模应严格按照顺序拆除模具,按与支模顺序相反的顺序进行,先脱非承重模板后脱承重模板,先脱顶模再脱侧模和端模,最后脱底模,不得使用振动方式脱模。

(3)构件脱模时应仔细检查,确认构件与模具之间的连接部分完全拆除后方可起吊。

(4)用后浇混凝土或砂浆、灌浆料连接的预制构件结合处,若设计有具体要求时,应按设计要求进行粗糙面处理;设计无具体要求时,可采用化学处理、拉毛或凿毛等方法制作粗糙面。

2. 预制墙板构件脱模与起吊要求

构件脱模起吊时,应根据设计要求或具体生产条件确定所需的混凝土标准立方体抗压强度,并满足下列要求。

(1)构件脱模、起吊时,混凝土强度应满足设计要求。当设计无要求时,构件脱模时的混凝土强度不应小于 15 MPa。

(2)外墙板等较薄的预制混凝土构件起吊时,混凝土强度应不小于 20 MPa。

(3)梁、柱等较厚的预制混凝土构件起吊时,混凝土强度不应小于 30 MPa。

(4)当构件混凝土强度达到设计强度的 30% 并不低于 C15 时,可以拆除边模;构件翻身强度不得低于设计强度的 70% 且不低于 C20,经过复核满足翻身和吊装要求时,允许将构件翻身和起吊;当构件强度大于 C15 且低于设计强度的 70% 时,应和模具平台一起翻身,不得直接起吊构件翻身。构件起吊应平稳,楼板应采用专用多点吊架进行起吊,复杂构件应采用专门的吊架进行起吊。

(5)预制构件使用的吊具和吊装时吊索的夹角,涉及拆模吊装时的安全,此项内容非常重要,应严格按规定执行。在吊装过程中,吊索水平夹角不宜小于 60°且不应小于 45°,尺寸较大或形状复杂的预制构件应使用分配梁或分配桁架类吊具,并应保证吊车主钩位置、吊具及预制构件重心在垂直方向重合。

(6)高宽比大于 2.5 的大型预制构件,应边脱模边加支撑,避免预制构件倾倒。

(7)构件多吊点起吊时,应保证各个吊点受力均匀。

(8)水平反打的墙板、挂板和管片类预制构件,宜采用翻板机翻转或直立后再行起吊。

3. 预制板构件脱模与起吊要求

预制板构件脱模与起吊需满足下列要求。

(1)构件脱模应严格按照顺序拆除模具,不得使用振动方式拆模。

(2)构件脱模时应仔细检查,确认预制构件与模具之间的连接部分完全拆除后方可起吊。

(3)构件脱模、起吊时,混凝土预制构件的混凝土立方体抗压强度应满足设计要求,且不应小于 15 MPa。

(4)预制构件起吊应平稳,楼板应采用专用多点吊架进行起吊,复杂预制构件应采用专门的吊架进行起吊。

(5)非预应力叠合楼板可以利用桁架钢筋起吊,吊点的位置应根据计算确定。复杂预制构件需要设置临时固定工具,吊点和吊具应进行专门设计。

4. 预制楼梯脱模与起吊要求

预制楼梯脱模与起吊需满足下列要求。

(1)预制楼梯应严格按照顺序拆除模具,不得使用振动方式拆模。

(2)将固定埋件及控制尺寸的螺杆、螺栓全部去除方可进行拆模、起吊,构件起吊应平稳。

(3)预制楼梯脱模、起吊时,混凝土抗压强度应满足达到混凝土设计强度的75%以上。

(4)预制楼梯外观质量不宜有一般缺陷,不应有严重缺陷。对于已经出现的一般缺陷应进行修补处理,并重新检查验收;对于已经出现的严重缺陷,其修补方案应经设计、监理单位认可之后进行修补处理,并重新检查验收。吊装过程中应注意成品保护,轻吊轻放。其他要求参考墙板和楼板的相关规定。

任务三　预制构件存放

5.3.1　预制构件的存放

构件存放位置不平整、刚度不够、存放不规范,都有可能导致预制构件在存放时受损、破坏,因此,构件在浇筑、养护出窑后,一定要选择合适的地点规范存放,确保预制构件在运输之前不受损、破坏。

5.3.1.1　构件清理

预制构件存放前,应先对构件进行清理。

(1)构件清理标准为套筒、埋件内无残余混凝土,粗糙面分明,光面上无污渍,挤塑板表面清洁等。套筒内如有残余混凝土,用钎子将其掏出;埋件内如有混凝土残留现象,应用与埋件匹配型号的丝锥进行清理,操作丝锥时需要注意不能一直向里拧,要遵循"进两圈回一圈"的原则,避免丝锥折断在埋件内,造成不必要的麻烦。外漏钢筋上如有残余混凝土,须进行清理。检查是否有卡片等附件漏卸现象,如有漏卸,及时拆卸后送至相应班组。

(2)清理所用工具并放置在相应的位置,保证作业环境的整洁。

(3)将清理完的构件装到摆渡车上,起吊时避免构件磕碰,保证构件质量。摆渡车由专门的转运工人进行操作,操作时应注意摆渡车轨道内严禁站人,严禁人车分离操作,人与车的距离保持2~3 m,将构件运至堆放场地,然后指挥吊车将不同型号的构件码放到规定的堆放位置,码放时应注意构件的整齐。

5.3.1.2　预制构件存放场地要求

构件的存放场地宜为混凝土硬化地面或经人工处理的自然地坪,满足平整度和地基承载力要求,并应有排水措施。

具体来讲,存放预制构件的场地应满足以下要求。

(1)存放场地应在门式起重机可以覆盖的范围内。

(2)存放场地的布置应当方便运输预制构件的大型车辆装车和出入。

(3)存放场地应平整、坚实,宜采用硬化地面或草皮砖地面。

(4)存放场地应有良好的排水措施。

(5)码放预制构件时要留出通道,不宜密集码放。

(6)存放场地宜根据工地安装顺序分区存放预制构件。

(7)存放库区宜实行分区管理和信息化管理。

5.3.1.3 各类预制构件存放要求

预制构件存放时底板与地面之间应有一定的空隙。构件应按型号、出厂日期分别存放。

1. 叠合楼板存放方式及要求

(1)叠合楼板宜平放,叠放层数不宜超过 6 层。存放叠合楼板应按同项目、同规格、同型号分别叠放(见图 5.3.1),不宜混叠,如果确需混叠应进行专项设计,避免造成裂缝等。

图 5.3.1 相同规格、型号的叠合楼板叠放实例

(2)叠合楼板一般存放时间不宜超过 2 个月,当需要长期(超过 3 个月)存放时,存放期间应定期监测叠合楼板的翘曲变形情况,发现问题及时采取纠正措施。

(3)根据存放场地情况和发货要求进行合理的存放安排,如果存放时间比较长,就应该将同一规格、型号的叠合楼板存放在一起;如果存放时间比较短,就应该将同一楼层和接近发货时间的叠合楼板按同规格、型号叠放的方式存放在一起。

(4)叠合楼板存放要保持平稳,底部应放置垫木或混凝土垫块,垫木或垫块应能承受上部所有荷载而不致损坏。垫木或垫块厚度应高于吊环或支点。

(5)叠合楼板叠放时,各层支点在纵、横方向上均应在同一垂直线上(见图 5.3.2),支点位置设置应符合下列原则。

图5.3.2 叠合楼板各层支点在纵、横方向上均在同一垂直线上的示意图

设计给出了支点位置或吊点位置的,应以设计给出的位置为准。此位置因某些原因不能设为支点时,宜在以此位置为中心不超过叠合楼板长、宽各1/20半径范围内寻找合适的支点位置,见图5.3.3。

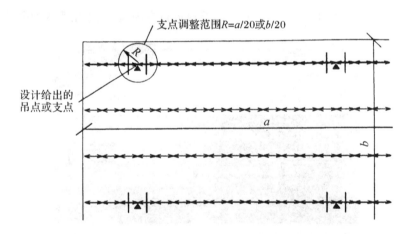

图5.3.3 设计给出支点位置时,确定叠合楼板存放支点示意图

设计未给出支点或吊点位置的,宜在叠合楼板长度和宽度方向的1/4~1/5处设置支点(见图5.3.4)。形状不规则的叠合楼板,其支点位置应经计算确定。

项目五 预制混凝土构件蒸养与起板入库

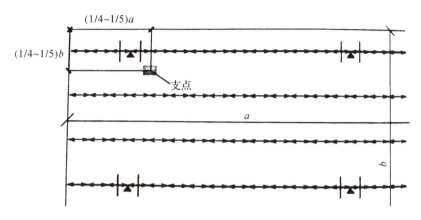

图 5.3.4 设计未给出支点位置时,确定叠合楼板存放支点示意图

当采用多个支点存放时,建议按图 5.3.5 设置支点。应确保全部支点的上表面在同一平面上(图 5.3.6),一定要避免边缘支垫低于中间支垫,导致形成过长的悬臂,产生较大的负弯矩而发生裂缝;且应保证各支点的固实,不得出现压缩或沉陷等现象。

(6)当存放场地地面的平整度无法保证时,最底层叠合楼板下面禁止使用木条通长整垫,避免因中间高两端低导致叠合楼板断裂。

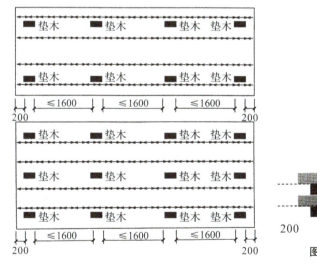

图 5.3.5 多个支点存放示意图(单位:mm)

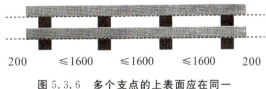

图 5.3.6 多个支点的上表面应在同一高度的示意图(单位:mm)

(7)叠合楼板上不得放置重物或施加外部荷载,如果长时间这样做将造成叠合楼板的明显翘曲。

(8)因场地等原因,叠合楼板必须叠放超过 6 层时要注意:①要进行结构复核计算。②防止应力集中,导致叠合楼板局部细微裂缝,存放时未必能发现,在使用时会出现,造成安全隐患。

2. 楼梯存放方式及要求

(1)楼梯宜平放,叠放层数不宜超过4层,应按同项目、同规格、同型号分别叠放。

(2)应合理设置垫块位置,确保楼梯存放稳定,支点与吊点位置须一致,见图5.3.6。

图5.3.6 楼梯支点位置

(3)起吊时防止端头磕碰(见图5.3.7)。

(4)楼梯采用侧立存放方式时(见图5.3.8),应做好防护,防止倾倒,存放层高不宜超过2层。

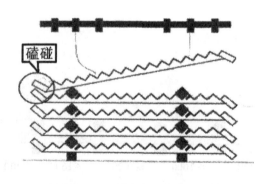

图5.3.7 起吊时防止磕碰

图5.3.8 楼梯侧立存放

3. 内、外剪力墙与外挂墙板的存放方式及要求

(1)对侧向刚度差、重心较高、支承面较窄的预制构件,如内、外剪力墙板及外挂墙板等预制构件,宜采用插放或靠放的存放方式。

(2)插放即采用存放架立式存放,存放架及支撑挡杆应有足够的刚度,并应靠稳垫实,见图5.3.9。

图 5.3.9 插放方式存放的外墙板

(3)当采用靠放架立放预制构件时,靠放架应具有足够的承载力和刚度,靠放架应放平稳,靠放时必须对称靠放和吊运,预制构件与地面倾斜角度宜大于 80°,预制构件上部宜用木块隔开,见图 5.3.10。靠放架的高度应高于预制构件高度的 2/3。有饰面的墙板采用靠放架立放时,饰面需朝外。

(4)预制构件采用立式存放时,薄弱预制构件、预制构件的薄弱部位和门窗洞口应采取防止变形开裂的临时加固措施。

图 5.3.10 靠放法存放的外墙板

4. 梁和柱的存放方式及要求

(1)梁和柱宜平放,具备叠放条件的,叠放层数不宜超过 3 层。

(2)宜用枕木(或方木)作为支撑垫木,支撑垫木应置于吊点下方(单层存放)或吊点下方的外侧(多层存放)。

(3)两个枕木(或方木)之间的间距不小于叠放高度的 1/2。

(4)各层枕木(或方木)的相对位置应在同一条垂直线上(见图 5.3.11)。

(5)叠合梁最合理的存放方式是两点支撑,不建议多点支撑,见图 5.3.12。当不得不采用多点支撑时,应先以两点支撑就位放置稳妥后,再在梁底需要增设支点的位置放置垫块,并撑实或在垫块上用木楔塞紧。

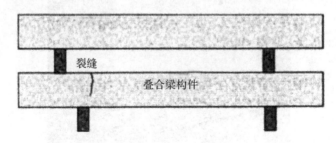

图 5.3.11　上层支撑点位于下层支撑点边缘,造成梁上部裂缝的示意图

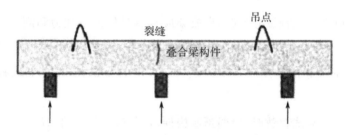

图 5.3.12　三点支撑中间高,造成梁上部裂缝的示意图

5.其他预制构件的存放方式及要求

(1)规则、平板式的空调板、阳台板等板式预制构件,其存放方式及要求参照叠合楼板存放方式及要求。

(2)不规则的阳台板、挑檐板、曲面板等预制构件,应采用单独平放的方式存放。

(3)飘窗应采用支架立式存放或加支撑、拉杆稳固的方式。

(4)梁柱一体三维预制构件存放时,应当设置防止倾倒的专用支架。

(5)L形预制构件的存放可参见图 5.3.13 和图 5.3.14。

图 5.3.13　L形预制构件存放实例(一)　　图 5.3.14　L形预制构件存放实例(二)

(6)槽形预制构件的存放可参见图 5.3.15。

(7)大型预制构件、异形预制构件的存放须按照设计方案执行。

(8)预制构件的不合格品及废品应存放在单独区域,并做好明显标识,严禁与合格品混放。

图 5.3.15　槽形预制构件存放实例

5.3.2　预制构件存放的防护措施

预制构件存放时,应做好如下防护措施。

(1)预制构件存放时相互之间应有足够的空间,防止吊运、装卸等作业时相互碰撞造成损坏。

(2)预制构件外露的金属预埋件应镀锌或涂刷防锈漆,防止锈蚀及污染预制构件。

(3)预制构件外露钢筋应采取防弯折、防锈蚀措施;对已套丝的钢筋端部应盖好保护帽,以防碰坏螺纹,同时起到防腐、防锈的效果。

(4)预制构件外露保温板应采取防止开裂措施。

(5)预制构件的钢筋连接套筒、浆锚孔、预埋件孔洞等应采取防止堵塞的临时封堵措施。

(6)预制构件存放支撑的位置和方法,应根据其受力情况确定,但不得超过预制构件承载力,以免造成预制构件损伤。

(7)预制构件存放处 2 m 内不应进行电焊、气焊、油漆喷涂等作业,以免对预制构件造成污染。

(8)预制墙板门框、窗框表面宜采用塑料贴膜或者其他措施进行防护;预制墙板门窗洞口线角宜用槽形木框保护。

(9)清水混凝土预制构件、装饰混凝土预制构件和有装饰面材的预制构件应制定专项防护措施方案,全过程进行防尘、防油、防污染、防破损;棱角部分可采用角形塑料条进行保护。

(10)清水混凝土预制构件、装饰混凝土预制构件和有装饰面材的预制构件平放时,要对垫木、垫方、枕木(或方木)等与预制构件接触的部分采取隔垫措施。

(11)当预制构件与垫木需要线接触或锐角接触时,要在垫木上方放置泡沫等松软材质的隔垫。

(12)预制构件露骨料粗糙面冲洗完成后送入存放场地时,应对灌浆套筒的灌浆孔和出浆孔进行透光检查,并清理灌浆套筒内的杂物。

(13)冬季生产和存放的预制构件的非贯穿孔洞,应采取措施防止雨雪水进入,避免发生冻胀损坏。

(14)预制构件在驳运、存放过程中起吊和摆放时,需慢起慢放,避免损坏。

5.3.3 插放架、靠放架、垫方、垫块要求

预制构件存放时,根据预制构件类型的不同,可采用插放架、靠放架、垫方或垫块来固定和支垫。

(1)插放架、靠放架以及一些预制构件存放时使用的托架应由金属材料制成,插放架、靠放架、托架应进行专门设计,其强度、刚度、稳定性应能满足预制构件存放的要求。

(2)插放架、靠放架的高度应达到所存放预制构件高度的2/3以上。

(3)插放架的挡杆应坚固、位置可调且有可靠的限位装置;靠放架底部横挡上面和上横杆外侧面应加5 mm厚的橡胶皮。

(4)枕木(木方)常用于柱、梁等较重预制构件的支垫,宜选用质地致密的硬木,且要根据预制构件的重量选用适宜规格的枕木(木方)。

(5)垫木多用于楼板等平层叠放的板式预制构件及楼梯的支垫,垫木一般采用100 mm×10 mm的木方,长度根据具体情况选用,板类预制构件宜选用长度为300~500 mm的木方,楼梯宜选用长度为400~600 mm的木方。

(6)如果用木板支垫叠合楼板等预制构件,木板的厚度不宜小于20 mm。

(7)混凝土垫块可用于楼板、墙板等板式预制构件平叠存放的支垫,混凝土垫块一般为尺寸不小于10 mm的立方体,垫块的混凝土强度不宜低于C40。

(8)放置在垫方与垫块上面用于保护预制构件表面的隔垫,应采用白橡胶皮等不会掉色的软垫。

5.3.4 预制构件的运输

预制构件的运输宜选用低底盘平板车(长13 m)或低底盘加长平板车(长17.5 m)。

1.预制构件的运输方式

一般预制构件运输方式有立式运输和水平运输两种方式。

1)立式运输方式

对于内、外墙板等竖向预制构件多采用立式运输方式。

在低底盘平板车上放置专用运输架,墙板对称靠放(见图5.3.14)或者插放(见图5.3.15)

在运输架上。

立式运输方式的优点是装卸方便、装车速度快、运输时安全性较好；缺点是预制构件的高度或运输车底盘较高时可能会超高，在限高路段无法通行。

图 5.3.14　墙板靠放立式运输

图 5.3.15　墙板插放立式运输

2）水平运输方式

水平运输方式是将预制构件单层平放或叠层平放在运输车上进行运输。

叠合楼板、阳台板、楼梯及梁、柱等预制构件通常采用水平运输方式，见图 5.3.16－图 5.3.19。

图 5.3.16　叠合楼板水平运输

图 5.3.17　梁水平运输

图 5.3.18　柱水平运输

图 5.3.19　楼梯水平运输

梁、柱等预制构件叠放层数不宜超过3层；预制楼梯叠放层数不宜超过4层；叠合楼板等板类预制构件叠放层数不宜超过6层。

水平运输方式的优点是装车后重心较低，运输安全性好，一次能运输较多的预制构件；缺点是对运输车底板平整度及装车时支垫位置、支垫方式以及装车后的封车固定等要求较高。

3）异形预制构件和大型预制构件的运输方式

异形预制构件及大型预制构件须按设计要求确定可靠的运输方式，见图5.3.20和图5.3.21。

图5.3.20　双莲藕梁运输

图5.3.21　L形板运输

2.预制构件装卸操作要点

预制构件在装卸操作时要注意以下方面。

（1）每次装车前应与施工现场预先沟通，确认现场有无预制构件存放场地。如构件从车上直接吊装到作业面，装车时要精心设计和安排，按照现场吊装顺序来装车，先吊装的构件要放在外侧或上层。

（2）预制构件的运输车辆应满足构件尺寸和载重要求，避免超高、超宽、超重。当构件有伸出钢筋时，装车超宽超长复核时应考虑伸出钢筋的长度。

（3）预制构件装车前应根据运输计划合理安排装车构件的种类、数量和顺序。

（4）进行装卸时应有技术人员等在现场指导作业。

（5）装卸预制构件时，应采取两侧对称装卸等保证车体平衡的措施。

（6）预制构件应严格按照设计吊点进行起吊。

（7）起吊前须检查确认吊索、吊具与预制构件连接可靠、安装牢固。

（8）控制好吊运速度，避免造成预制构件大幅度摆动。

（9）吊运路线下方禁止有工人作业。

（10）装车时最下一层的预制构件下面应垫平、垫实。

（11）装车时如果有叠放的预制构件，每层构件间的垫木或垫块应在同一垂直线上。

（12）异形偏心预制构件在装车时要充分考虑重心位置，防止偏重。

（13）首次运输应安排车辆跟随观察，以便确定和完善装车运输方案。

3. 预制构件运输封车固定要求

预制构件运输封车时，应满足以下固定要求。

（1）要有采取防止预制构件移动、倾倒或变形的固定措施，构件与车体或架子要用封车带绑在一起。

（2）预制构件有可能移动的空间要用聚苯乙烯板或其他柔性材料进行隔垫，保证车辆急转弯、紧急制动、上坡、颠簸时构件不移动、不倾倒、不磕碰。

（3）宜采用木方作为垫方，木方上应放置白色胶皮，以防滑移并防止预制构件垫方处造成污染或破损。

（4）预制构件相互之间要留出间隙，构件之间、构件与车体之间、构件与架子之间要有隔垫，以防在运输过程中构件受到摩擦及磕碰。设置的隔垫要可靠，并有防止隔垫滑落的措施。

（5）竖向薄壁预制构件须设置临时防护支架。固定构件或封车绳索接触的构件表面要有柔性且不会造成污染的隔垫。

（6）有运输架子时，托架、靠放架、插放架应进行专门设计，要保证架子的强度、刚度和稳定性，并与车体固定牢靠。

（7）采用靠放架立式运输时，预制构件与车底板面倾斜角度宜大于80°，构件底面应垫实，构件与底部支垫不得形成线接触。构件应对称靠放，每侧不超过2层，构件层间上部需采用木垫块隔离，木垫块应有防滑落措施。

（8）采用插放架立式运输时，应采取防止预制构件倾倒的措施，预制构件之间应设置隔离垫块。

（9）夹心保温板采用立式运输时，支承垫方、垫木的位置应设置在内、外叶板的结构受力一侧。如夹心保温板自重由内叶板承受，均应将存放、运输、吊装过程中的搁置点设于内叶板一侧（承受竖向荷载一侧），反之亦然。

（10）对于立式运输的预制构件，由于重心较高，要加强固定措施，可以采取在架子下部增加沙袋等配重措施，确保运输的稳定性。

（11）对于超高、超宽、形状特殊的大型预制构件，其装车及运输应制定专门的安全保障措施。

任务四　预制构件制作的安全生产与文明生产

本任务介绍预制构件制作的安全生产要点和文明生产要点。

5.4.1 预制构件安全生产要点

5.4.1.1 预制构件安全生产特点

目前,国内全自动流水线工艺所能生产的预制构件种类非常少,预制构件生产大都采用非全自动工艺,包括固定模台工艺和流水线工艺,非全自动工艺在安全生产管理方面有以下特点。

1. 劳动密集型

预制构件年生产能力为 10000 m^3 大约需要 60~80 人,50000 m^3 大约需要 250~300 人,劳动力密集,违章作业发生的概率较高,因此,预制构件制作对安全培训、违章检查与管理的要求比较高。

2. 吊运作业密度大、起重量大

预制构件制作车间和存放场地需要配置较多起重机,还可能有临时租用的起重机,材料、模具、钢筋骨架、混凝土和预制构件吊运、装卸频繁,吊运重量也比较大,还有空间交叉作业。

3. 水平运输量大

厂内有较多水平运输作业,如材料、模具、钢筋骨架、混凝土、预制构件等水平运输频繁,平面交叉作业多。

4. 人工操作的设备与电动工具多

钢筋加工设备、电动扳手、振动器、打磨机等人工操作的设备与工具较多,移动电源线多,触电危险源多。

5. 作业环境粉尘多

预制构件制作车间粉尘较多,水泥仓和搅拌站也有扬尘隐患。

6. 立式存放物体多

立式模具和预制构件立式存放情况比较普遍,容易造成倾倒。

7. 切割及焊接作业多

模具等金属材料切割、焊接作业较多,且现场又有保温板、蒸养罩等易燃物品,易引发火灾。

5.4.1.2 安全防范重点

预制构件制作的生产安全防范重点见表 5-1。

5.4.1.3 安全防范要点

(1)建立安全生产责任制,设立安全生产管理组织机构。

(2)制定各个作业环节的安全操作规程,重点是吊运、模具组装拆卸、钢筋入模等环节的安全操作规程。

(3)制定设备与工具使用安全操作规程,重点是特种设备、手持电动工具的安全操作规程。

(4)制定安全培训制度并严格执行。

(5)列出安全防范风险源清单和防范措施,并严格落实。

(6)建立安全检查制度,重点检查起重设备、吊索、吊具、预制构件存放、电气电源、蒸汽管线等;对发现的问题、隐患进行整改处理。

(7)组织违章巡查,在违章作业和安全事故易发区设置监控视频。

(8)建立定期安全例会制度,总结安全生产情况,布置安全生产要求。

(9)制定安全救援应急预案。

(10)建立安全事故总结、调查、处理制度。

(11)所有与安全相关的工作,都要做好记录。

表 5-1 预制构件生产安全防范重点

类型	序号	作业	事故类型	原因	预防措施	责任岗位
起重作业	1	钢筋卸车	物体坠落伤人、碰撞	1.吊索、吊具设计强度不够或损坏; 2.吊钩脱钩; 3.起吊高度不够; 4.吊运作业区下方有人员; 5.吊运物品落地后摆放不稳; 6.吊索、吊具未按规定使用安装; 7.设备发生故障或违章作业	1.起吊重物前,应检查吊索、吊具的牢固、安全性; 2.吊索、吊具应完整,不得有损伤,有损伤的吊索、吊具应及时更换; 3.起吊作业时,作业范围内严禁站人; 4.相关生产人员定期进行安全培训; 5.工作期间必须佩戴安全帽、防砸鞋等防护工具; 6.摆放预制构件时一定要摆放稳固,防止预制构件倒塌	作业人员
起重作业	2	钢筋骨架吊运	物体坠落伤人、碰撞			作业人员
起重作业	3	模具吊运	物体坠落伤人、碰撞			作业人员
起重作业	4	混凝土料斗吊运	物体坠落伤人、碰撞			作业人员
起重作业	5	预制构件脱模	物体坠落伤人、碰撞			作业人员
起重作业	6	预制构件吊运	物体坠落伤人、碰撞			作业人员
起重作业	7	预制构件装车	物体坠落伤人、碰撞			作业人员
水平运输	8	材料水平运输	挂碰、撞人	1.物品未分区,摆放杂乱; 2.运输道路未分区; 3.作业人员违规进入运输通道	1.物品应做到有序、分类摆放; 2.预留运输车通道,以便进出货物; 3.作业人员应照章作业	作业人员
水平运输	9	预制构件水平运输	挂碰、撞人			作业人员
水平运输	10	模具水平运输	挂碰、撞人			作业人员
设备工具	11	振捣作业	触电	电动设备或工具的电源线漏电	1.生产人员作业前,应正确佩戴和使用安全护具; 2.及时检查设备和工具的安全性; 3.正确使用电动设备,不违规操作	安全员 作业人员
设备工具	12	组模作业	触电			安全员 作业人员

续表 5-1

类型	序号	作业	事故类型	原因	预防措施	责任岗位
其他作业	13	钢筋入模作业	伸出钢筋伤人	伸出钢筋没有醒目标识	设置安全标识，定期进行安全培训	安全员 作业人员
	14	高模具组模	倾倒、伤人	摆放不稳	摆放模具时一定要摆平放稳，外侧应加支撑，防止倾倒	安全员 作业人员
	15	墙板立式存放	倾倒、伤人	摆放不稳	应有临时存放支架，避免出现预制构件倒塌	安全员 作业人员
	16	水泥仓泄露	材料浪费、粉尘污染	设备老化、维护不到位	定期检查和维护设备	作业人员
	17	落地灰粉尘	环境污染、职业病危害	场地未及时清理	及时清理场地，必要时可采用洒水方法	作业人员
	18	清扫模具粉尘	环境污染、职业病危害	模台、模具未及时清理	浇筑后模具上的混凝土残渣必须及时清理	作业人员
	19	钢筋加工作业	机械伤手、伤人	1.未正确佩戴和使用护具；2.设备未定期维护；3.违反操作规程作业	1.生产人员作业前，应正确佩戴和使用安全护具；2.及时检查设备安全性；3.正确使用电动设备；4.严格执行操作规程	安全员 作业人员
	20	保温材料存放或作业	失火	电器、电路短路造成的明火或其他明火	设置专门的存放场地，存放场地配备消防器材，并严防明火	安全员
工人违章现象	21	叉车作业	叉车碰到预制构件挤伤人员	1.叉车工无证操作；2.倒车时车碰到预制构件挤伤人员	禁止无证操作，特殊工种要求持证上岗	安全员
	22	门式起重机行走作业	门式起重机行走撞到轨道旁边作业人员	起重工突然操作，没有启动警报	1.特殊工种要求持证上岗；2.加强培训操作规程，告知工人危险源	安全员 起重工
	23	私自乱接电源线	乱接电源线触电伤人	不通知电工，私自带电作业乱接电源线	1.特殊工种要求持证上岗；2.禁止违章违规作业	安全员
	24	切割钢筋作业	切割钢筋时铁屑伤到眼睛	没有按照要求佩戴防护眼镜	1.按要求佩戴安全防护用品；2.加强培训操作规程	安全员 作业人员
	25	角磨机切割作业	角磨机切割、打磨预制构件伤到人	角磨机在开关开着的情况下插电，没有抓牢角磨机	加强培训操作规程	安全员 作业人员
	26	气割钢板	乙炔回火	操作不当导致乙炔沿着胶管着火	1.特殊工种要求持证上岗；2.加强培训操作规程	安全员 作业人员

5.4.1.4　安全设计

预制构件制作的有关生产安全的设计包括以下几方面。

(1)厂区车流、人流设计与道路划分。

(2)车间分区与通道划分。

(3)预制构件存放场地分区与道路设计。

(4)大型预制构件浇筑混凝土、修补、表面处理作业的脚手架设计。

(5)吊具、吊索、存放架的设计。

5.4.1.5　安全设施

预制构件制作的有关生产安全的措施包括以下几方面。

(1)高大预制构件模具的支撑设施。

(2)大型预制构件或预制构件立式存放的靠放架。

(3)大型预制构件制作脚手架。

(4)电动工具电源线架立。

(5)按要求配置有效的灭火器。

5.4.1.6　安全计划

除常规安全管理工作外,每个订单履约前,须制定该订单的安全生产计划。具体包括以下几方面。

(1)该订单需要的安全设施。

(2)如果有新预制构件或异形预制构件,进行专用吊具设计。

(3)大型预制构件制作脚手架设计。

(4)预制构件存放方案。

(5)预制构件装车方案等。

5.4.1.7　安全培训

工厂安全培训是日常工作,其主要内容如下。

(1)安全守则、岗位标准和操作规程的培训。

(2)工厂危险源分析和预防措施。

(3)各作业环节、场所安全注意事项、防范措施以及以往事故与隐患案例。重点是吊运、水平运输、用电、预制构件存放、设备与工具使用的安全注意事项。

(4)起重设备吊索、吊具维护检查规定。

(5)动火作业安全要求和消防规定。

(6)劳保护具使用规定等。

5.4.1.8　安全护具

(1)生产人员必须穿戴安全帽、皮质手套、防砸鞋等安全护具。
(2)有粉尘的作业场所和油漆车间须戴防尘防毒口罩。
(3)打磨修补作业须戴防护镜和防尘口罩。

5.4.1.9　安全标识

(1)伸出钢筋应做醒目提示。
(2)物品堆放处应做防止磕绊的提示。
(3)蒸汽管线和养护部位要有醒目标识。
(4)安全出口标识。
(5)其他危险点标识。

5.4.2　预制构件文明生产要点

预制构件加工与制作中涉及的文明生产要点包括以下几方面。
(1)建立文明生产管理制度。
(2)设置定置管理图,确定文明生产管理责任区。
(3)厂区道路划分人行道、车行道,标识清楚。
(4)厂内停车进行区域划分,设置员工电动车、自行车等专用停放区域,标识清楚,有序停放。
(5)车间内按定置管理的要求,将预制构件、模具、工具、材料、吊具、备品、备件等全部整齐有序地存放在划定区域,严禁在通道上放置物品。
(6)预制构件存放场地合理设计、分区标识,有序存放。
(7)模具、地面上的混凝土残渣等要及时清理。
(8)设备、工具要及时清理,保持干净整洁。
(9)库房内物品要分类存放、标识清晰,小件物品应在专用货架上整齐摆放。
(10)操作台、工具箱、换衣箱等的物品摆放要有序整齐,分类存放。
(11)作业区域内,操作人员养成作业完成随时清理、班前班后定期清理的制度和习惯。
(12)车间、场地和办公室建立日常卫生管理制度。

任务五　质量问题及预防措施

5.5.1　流水线工艺养护常见问题及预防措施

流水线工艺养护一般采用养护窑集中养护(见图 5.5.1),养护窑内有散热器或者暖风炉进行加温,采用全自动温度控制系统执行混凝土养护的温度设定曲线。养护窑采用蒸汽或其他加温方式养护时,养护过程一般分为静停、升温、恒温和降温四个阶段。

1. 常见问题

1)养护窑没有按照养护温度曲线进行养护

流水线工艺养护窑如图 5.5.2 所示,每一列每个仓位都是连通的,如果整个养护窑集中设置温度曲线养护,而构件进入养护窑的时间又不统一,那么实现温度曲线养护就比较困难。

图 5.5.1　养护窑集中养护　　　　图 5.5.2　流水线工艺养护窑

如果不能按照升降温坡度曲线实施养护,构件在养护过程中就很容易出现裂缝。

2)养护窑窑顶与窑底温差大

有些流水线的养护窑太高,结果造成窑顶与窑底温差太大,由此养护出来的构件强度不均匀,有些构件达到强度了,有些则达不到。

3)养护窑温度降不下来

有些养护窑设置的恒温养护温度大于 60 ℃,在实际养护过程中有可能更高,而又没有采取降温措施,只是依赖加热源停止加热后自然降温,这样就导致很多构件在出窑的时候温度过高,与车间温度温差超过 25 ℃,尤其是北方工厂冬季厂房温度低的情况下,出窑构件温度过高造成构件出现温差裂缝,见图 5.5.3。

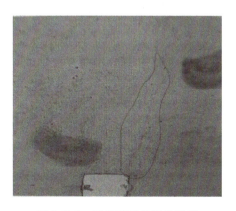

图 5.5.3　温差造成的构件裂缝

2. 预防措施

为确保构件养护达到满意效果，流水线工艺养护窑应采取科学的措施来保证构件养护过程不出现问题。

(1) 养护窑应分列设置养护温度控制曲线。

(2) 养护窑加热源要保证窑顶和窑底温度大致均匀。

(3) 养护窑应按照设定的养护曲线降温，从而保证构件进养护窑、出养护窑时与环境的温差符合要求。

5.5.2 固定模台工艺养护常见问题及预防措施

固定模台工艺养护，是指将蒸汽通过管道（见图5.5.4）直接通到固定模台底部或模台侧面，将构件用苫布或移动式养护罩覆盖进行养护（见图5.5.5），采用全自动温度控制系统，实现全过程自动调节养护的升温速率、降温速率，保持恒定温度，实现时间控制。

图 5.5.4　蒸汽管道通往模台底部

图 5.5.5　覆盖养护

1. 常见问题

1) 没有温度控制系统

目前，很多工厂固定模台蒸汽养护没有设置温控系统，直接将蒸汽通往模台下面或者模台一侧，结果出现温度过高、时间过长造成养护构件表皮脱皮，见图5.5.6；或者温度太低，造成早期强度上不来。

直接将蒸汽通往模台下，蒸汽出气孔温度高，再加上蒸养开始时间没有把握好，会导致模台上面的混凝土水分蒸干，混凝土没法进行充分的水化作用，失去了强度，脱模时造成构件黏膜，见图5.5.7，或者温度过高导致保温材料受热变形，见图5.5.8。

2) 固定模台养护耗能高

因固定模台不能够集中养护，每一个模台上无论构件大小都要开通蒸汽，如此一来蒸汽需求量增大；有的养护棚制作太高，叠合楼板成型面到养护棚顶面空间太大，浪费了很多不必要的蒸汽。

 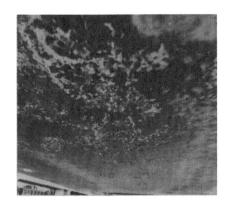

图 5.5.6　构件蒸养脱皮现象　　　　图 5.5.7　构件黏模现象

图 5.5.8　构件保温材料受蒸变形

2. 预防措施

(1)固定模台养护应采用全自动温控系统,全过程自动调节养护的升温速率、降温速率、恒温温度及蒸养开始和结束时间。

(2)养护要有专人负责监管、测温,并做好养护记录。

(3)覆盖要做好保温措施,冬季可以采用棉被覆盖保温,见图 5.5.9。

图 5.5.9　冬季养护覆盖棉被保温

(4)固定模台蒸汽养护罩高度宜控制在超过构件上表面 30 cm 左右即可(上部有出筋的构件除外),不应超过 50 cm。

5.5.3 构件脱模常见问题及预防措施

5.5.3.1 板式构件脱模常见问题及预防措施

板式构件在脱模过程中的常见问题主要有起吊不平衡、门窗洞口未做加固措施以及脱模强度不足等。

1. 常见问题

1)起吊不平衡

由于脱模吊点设计不合理,造成构件脱模时起吊不平衡导致构件损坏,见图 5.5.10;叠合楼板脱模起吊未使用专用平衡吊具,见图 5.5.11。

图 5.5.10　脱模吊点设计不合理　　　图 5.5.11　未使用专用平衡吊具

2)门窗洞口的产品未做加固

墙板门窗洞口处需要增加防止构件开裂的加固措施,见图 5.5.12,以确保构件在脱模过程中不损坏。

3)脱模强度不足

产品在脱模时强度未达到设计要求,导致产品损坏或者预埋件从混凝土中被拉拔出来,甚至造成安全事故。

2. 预防措施

(1)制定预制构件的专项吊装方案。

(2)吊装前进行合理地设计,确保构件在脱模起吊时保持平衡。

(3)脱模起吊时使用专用的平衡吊具,如图 5.5.13 所示。

图 5.5.12　门窗洞口加固措施

图 5.5.13　板式构件常用的架式吊具

(4) 脱模起吊时,预制构件同条件养护的混凝土立方体抗压强度应符合设计中关于脱模强度的要求,且不应小于 15MPa;当设计没有要求时,混凝土强度宜达到设计标准值的 50% 时方可起吊。

(5) 起吊前最好利用起重机慢慢起吊构件一侧,或将木制撬杠塞进模板与构件之间,来卸载构件吸附力。

(6) 构件起吊时,吊绳与水平方向的夹角不得小于 45°,否则应使用专用平衡吊具。

(7) 构件起吊前应确认模具已全部打开、吊钩牢固、无松动。预应力钢筋或钢丝已全部放张和切断。

5.5.3.2　梁、柱构件脱模常见问题预防措施

梁、柱构件在脱模过程中常见问题主要有脱模强度不足、未使用专用吊装架等。

1. 常见问题

1) 脱模强度不足

脱模强度不足会造成脱模后的构件缺棱掉角、破损、裂缝(见图 5.5.14),脱模用预埋螺栓周围出现裂缝或者被拔出(见图 5.5.15)。

主要原因包括:脱模强度不足、模具设计不合理导致卡模、模具螺栓没有完全卸掉等。

图 5.5.14　构件缺棱掉角

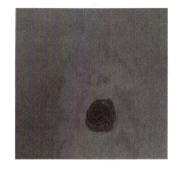

图 5.5.15　脱模预埋螺栓周围出现裂缝

2) 未使用专用吊装架

预制柱或者预制梁构件一般比较长,有些连梁在中间只有钢筋连接,因此在脱模起吊时应

采用专用的平衡吊装架。如果不正确使用吊装架(见图 5.5.16),就很容易对构件造成损坏。

图 5.5.16　未使用专用的吊装架

2.预防措施

(1)制定预制构件专项吊装方案。

(2)合理设计,确保构件在脱模起吊时保持平衡。

(3)脱模起吊时采用专用的梁式吊具。

(4)脱模起吊时,预制构件同条件养护的混凝土立方体抗压强度,应符合设计关于脱模强度的要求,且不应小于 15MPa,当设计没有要求时,混凝土强度宜达到设计标准值的 50% 时方可起吊。

(5)吊装前最好利用起重机或木制撬杠先卸载构件与模板或其他接触物间的吸附力。

(6)构件起吊前应确认模具已全部打开、吊钩牢固、无松动。

5.5.4　构件修补与表面处理常见问题及预防措施

5.5.4.1　构件修补常见问题及预防措施

在实际的工程案例中经常发生建筑物预制混凝土构件表面修补部位发生大块脱落(见图 5.5.17)、清水混凝土表面色差明显(见图 5.5.18)等问题,严重影响建筑物的耐久性及美观。造成这些问题的原因通常是构件修补与表面处理作业不规范。

图 5.5.17　混凝土构件表面修补部位发生大块脱落　　图 5.5.18　清水混凝土表面色差明显

构件缺陷修补常见问题见表 5-2，这些问题不仅会影响建筑结构的外观质量，还会降低建筑结构的耐久性，甚至造成安全隐患。

表 5-2 构件缺陷修补常见问题

序号	常见问题	产生原因	造成后果
1	修补部位结合不牢固	1.修补施工前，结合面没有进行预处理； 2.较大的掉角、破损，没有按要求植筋加固； 3.修补后养护不到位	修补部位混凝土整块脱落
2	修补部位强度低	1.修补料没有按要求进行配置； 2.修补后没有按要求进行养护	修补部位强度低，耐久性差
3	修补部位发生开裂	1.修补结合面没有进行预处理； 2.修补料配比不合理； 3.修补后没有按要求进行养护	修补部位易脱落、强度低，耐久性差
4	修补部位不平整、不平直	1.修补作业方法不对，该支模时没有支模； 2.没有按要求分次修补，影响构件的外观效果； 3.操作不熟练	影响构件的外观效果
5	修补部位存在严重的色差	1.修补料配比不合理； 2.修补作业方法不对	影响构件外观和装饰效果

1. 修补部位结合不牢

修补部位结合不牢固是构件缺陷修补中较常发生且影响最大的问题，通常会造成修补部位整块脱落。发生此问题的主要原因是修补部位预处理不到位，修补时没有按标准的工艺、方法施工，修补后养护不到位。

造成后果：修补部位混凝土整块脱落，影响结构耐久性甚至带来安全隐患。

预防措施：

(1)修补工人应进行修补工艺、方法的培训并确保掌握。

(2)修补前应对修补部位进行预处理，确保结合牢固。常用的预处理方法有湿润、凿毛、涂刷界面结合剂等

(3)当修补部位露筋、深度超过 20 mm 或修补面积大于 20 cm² 时，应先清理修补部位结合面，做好预处理，然后根据实际需要打入钢钉或植筋，再采用与构件同强度等级的砂浆或细石混凝土分数次修补。

(4)修补完成后，修补部位应覆盖保湿养护不少于 7 天，构件立面修补处可用胶带粘塑料薄膜封闭养护。

(5)对于已经发生的修补结合不牢固现象，应凿除修补部位的混凝土后按上述(2)~(4)的要求重新处理。

2. 修补部位强度偏低

修补部位混凝土强度偏低的情况也常有发生，可能造成修补处二次损坏或耐久性差等。常见的原因有修补料配比不合理、工人未按修补工艺要求而随意修补，以及修补后养护不到位等。

造成后果：修补部位二次损坏，修补处的耐久性差。

预防措施：

（1）修补工人应进行修补料配比的培训并确保掌握。

（2）修补时应严格按照修补工艺要求进行作业，根据需要配制合适的修补料，不得随意取用剩下的混凝土或砂浆来修补，修补浆料宜提高1~2个强度等级或用环氧砂浆。

（3）修补完成后，修补部位应覆盖保湿养护不少于7天。

3. 较大缺棱掉角

通常将掉角部位出现露筋、深度超过20 mm或面积大于20 cm^{2}等现象认定为较大的缺棱掉角。修补预制构件较大的缺棱掉角时，为确保修补的质量，应制定专门的修补方案，并落实专人实施。以下是修补较大缺棱掉角专用的工艺方法。

（1）清理修补界面，凿除松动、疏松的碎渣。

（2）根据修补需要，在适当间距打入钢钉或钻孔植入钢筋加固。

（3）吹净浮灰并用清水冲洗干净。

（4）根据需要涂刷界面粘结剂并扩展到修补部位以外的一定范围。

（5）用与构件同等级或高一级的细石混凝土或砂浆分次填补待修部位，应在前一层填补料临近初凝时填补下一层，必要时可在中间放入网格布加固。

（6）修补后，修补表面宜略低于相邻构件表面。

（7）对修补部位进行覆盖保湿养护。

（8）待修补处混凝土强度达到5 MPa后，拆除外围模板进行表面修饰处理，弱化修补结合处色差。

（9）继续覆盖保湿养护7天。

4. 修补色差大的预防及处理措施

修补色差大是预制构件修补和表面处理中发生最多的问题，对预制构件的观感影响很大，多因修补料配比不合理或修补工艺不正确造成。

造成后果：影响预制构件的观感。

预防措施：

（1）修补料配比应打色样，修补用材料应采用与制作色样相同的材料。

（2）修补前根据待修补构件的色泽选取最相近的配比，选色样时，遵循"宜浅不宜深"的原则。

(3)修补料拌制时应搅拌均匀。

(4)修补面层时,不宜反复多次在表面压抹,避免表面发黑。

(5)宜从一个点开始逐步扩大至整个修补面。

(6)覆盖养护时,覆盖物不得掉色。

5.修补部位开裂

修补部位开裂(见图5.5.19)一般有两种情况,一种是修补部分与原混凝土结合处出现裂缝,多为修补结合界面预处理没做好,后果严重时可能造成修补部位脱落;另一种情况是修补部分的表面出现裂缝,这种情况多由保湿养护不好导致。

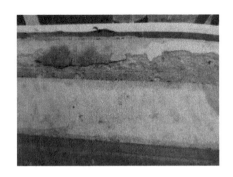

图 5.5.19 修补部位开裂

造成后果:修补部位结合不牢固,导致整块脱落或需要重新修补表面裂缝。

预防措施:

(1)如为修补结合处裂缝,应凿除修补部位,根据实际情况按构件缺陷修补的要求和方法重做预处理,然后再进行修补。

(2)如为修补部位的表面出现裂缝,经分析认定为养护时失水造成,则可通过适度打磨后做表面处理即可;如经分析认定为修补材料本身问题导致的裂缝时,则应凿除修补部位,用性能良好的混凝土按修补工艺要求重新修补。

6.修补处不平整、不平直的预防及处理

修补部位不平整、不平直(见图5.5.20)是指修补的表面呈轻微凹凸状,与构件混凝土面存在高度差,以及边角线条不直,影响了构件表观质量。常见的原因有修补料配比不合理、修补操作不规范及没有使用模具围护等。

造成后果:影响构件表观质量。

预防措施:

(1)加强修补工艺培训,提高修补人员的素质和技能。

(2)修补料严格按配比数据进行配置,稠度或坍落度不宜过大,避免收缩过大。

图 5.5.20 修补部位不平整、不平直

(3)修补面积较大的边角部位,宜采用模板围护后再修补,确保边角线条平直。

(4)修补厚度较大的部位时,宜采用多次分层修补,最后再做表面处理。

(5)修补面积较大时,可采用刮尺刮平,避免手工抹压不平整。

(6)对已出现的不平整、不平直,可适当打磨后做表面处理。

5.5.4.2 缓凝剂冲洗常见问题及预防措施

缓凝剂冲洗是实现露骨料粗糙面的必要工序,但在作业过程中经常会发生冲洗后露骨料深度不足、过深或深浅不一等现象,影响二次浇筑的结合效果。

1. 冲洗粗糙面深度不足

冲洗粗糙面露骨料深度不足是指表面的砂浆冲刷过少,粗骨料未露出表面。其常见原因是缓凝剂用量不足、涂刷后等待时间过长、涂刷不均匀、冲洗设备的水压不足或不稳定、构件脱模强度过高等。

造成后果:影响与后浇部分混凝土的结合质量。

预防措施:

(1)根据缓凝剂的特性采用合适的使用量。

(2)缓凝剂涂刷均匀,涂刷后等待时间不宜超过 3 小时。

(3)冲洗设备的最高水压不宜低于 12 MPa,设备使用正常。

(4)水源供水应充足,水压应稳定。

(5)构件脱模强度应合适,不应在模内留置时间过长。

(6)冲洗时移动水枪应匀速平稳,避免跳跃式冲洗。

(7)已出现的粗糙面深度不足,可使用打凿或切割等方式加强粗糙面效果。

2. 冲洗后露骨料过深

冲洗粗糙面露骨料过深是指表面的砂浆冲刷过度,粗骨料露出超过其粒径的 2/3,或局部斑块状。其常见原因有缓凝剂用量过多、涂刷过厚、冲洗设备的水压过大、构件脱模强度过低等。

造成后果：粗骨料与砂浆粘结质量差，易松动、脱落。

预防措施：

(1) 缓凝剂用量不得过多，涂刷厚度要适当，并基本保持涂刷均匀。

(2) 预制构件脱模强度应合适，发现脱模强度偏低时，应调小冲洗压力。

(3) 根据冲洗的效果合理调整冲洗压力，避免冲洗过度。

5.5.5 清水混凝土弱化修补痕迹

清水混凝土对表观质量的要求比较高，在修补及表面处理后往往需要对修补痕迹做专门的弱化处理，以达到完美的视觉效果。

5.5.5.1 常见的清水混凝土修补痕迹分类

常见清水混凝土修补痕迹分类见表5-3。

表5-3 常见清水混凝土修补痕迹分类

序号	修补痕迹种类	产生原因	弱化难度
1	表面浮灰	修补时不恰当地擦粉或擦浆	小
2	表面色差	修补料配比不对，修补操作不规范	大
3	修补结合面分界线	修补范围较大，边缘曲折不平直	较大
4	打磨痕迹	使用了不合适的磨片和打磨方法	一般

5.5.5.2 弱化修补痕迹的方法

如表5-3所示，常见的清水混凝土修补痕迹大致可分为四大类，每一类修补痕迹产生的原因也各不相同。因此，必须根据修补痕迹产生的原因采取相应的方法来弱化修补痕迹。

1. 弱化表面色差

表面色差是清水混凝土修补产生的主要痕迹之一，对清水混凝土构件表观质量影响明显、不可避免且弱化难度大。一般可用下列几种方法来弱化表面色差。

(1) 大面色差可采用擦干粉或湿浆进行弱化。

(2) 局部小范围色差可采用100目或以上的磨片轻度打磨后重做表面处理。

(3) 对范围较大、色差不是特别明显的部位，可对色差交界处做过渡处理来弱化或缓冲视觉效果。

2. 弱化修补结合面的分界线

修补结合面的分界线也是一种不可避免的修补痕迹，属于局部的修补痕迹，对清水混凝土构件表观质量的影响比表面色差要小一些，可采用以下方法弱化：

(1)用100目或以上的磨片顺分界线小范围轻度打磨。

(2)当打磨的弱化效果不明显时,可采用开浅小V形槽并填浆修补的方法处理。

3. 弱化打磨痕迹

打磨痕迹多是因使用了不合适的磨片所导致,这种情况一般不会大面积出现,对构件表观质量影响不大,通常可采用100目或以上的磨片进行打磨抛光或用海绵擦稀浆的方法处理。

4. 去除或弱化表面浮灰

构件修补后产生表面浮灰的常见原因是擦了较多的干粉或稀浆,一般可用软毛刷或软的棉布轻轻抹掉浮灰即可。

5.5.6 构件翻转常见问题及预防措施

"平躺着"制作的墙板、楼梯板和空调板等构件,脱模后或需要翻转90°立起来,或需要翻转180°使表面朝上。

1. 常见问题

流水线工艺有自动翻转台,翻转过程一般不会出现问题;而固定模台构件的翻转就经常出现问题,主要原因是忘记设置翻转用预埋件或翻转时对构件防护不到位,造成构件损坏。

2. 预防措施

(1)合理设置翻转吊点。构件在设计阶段需设计翻转专用吊点,并验算翻转工作状态的承载力。

构件翻转作业方法有两种:软带捆绑式(见图5.5.21)和预埋吊点式。软带捆绑式在设计中须确定软带捆绑的位置,并据此进行承载力验算。预埋吊点式需要在构件制作前设计吊点位置与构造方式,并进行承载力验算。

图 5.5.21 软带捆绑式翻转

(2)板式构件的翻转吊点一般用预埋螺母,设置在构件边侧(见图5.5.22)。只翻转90°立起来的构件,可以与安装吊点兼用;需要翻转180°的构件,则需要在两个边侧都设置吊点。

(3)预制柱翻转时可使用在柱子底部放置废旧轮胎(见图5.5.23)等辅助措施。

图5.5.22 设置在板边的预埋螺母

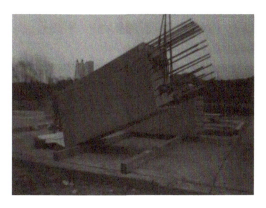

图5.5.23 预制柱翻转作业

3.翻转作业要点

(1)脱模后对构件进行表面检查,检查吊装、翻转吊点埋件周边的混凝土是否有松动或裂痕。

(2)设计图纸未明确用作构件翻转的吊点,不可擅自使用;须向设计提出,由设计确认翻转吊点的位置和做法。

(3)自动翻转台设备和起重设备要保持良好的状态。

(4)翻转作业应设置专门的场地。

(5)应使用正确的吊点和工具进行翻转。

(6)翻转作业应有专人指挥。

(7)软带捆绑式翻转作业或起重设备双吊钩作业,主、副钩升降应协同作业。

(8)吊钩翻转需做好构件支垫处的保护工作。

(9)软带捆绑式翻转作业需注意:①应采用符合国家标准、安全可靠的吊带。②应限定吊带使用次数和寿命,使用吊带应有专人进行记录。③吊带在日常使用中应有专人进行复查。④应避免吊带直接接触锋利的棱角,可使用橡胶软垫进行保护。

(10)自动翻转台的液压支承应牢固、可靠,长时间停用重新使用前,应先试运行再投入正式使用。

5.5.7 预制构件存放的常见问题及预防措施

1.常见问题

(1)不同规格的叠合板错误地混放在一起,可能导致较长的叠合板在支撑处出现裂缝,如图5.5.24所示。

(2)叠合板垫方上下不在一条垂直线上,容易导致叠合板产生裂缝,如图 5.5.25 所示。

图 5.5.24　不同规格叠合板错误地混放在一起

图 5.5.25　叠合板垫方不在一条垂直线上

(3)存放层数过高,不安全、不方便,容易导致下层叠合板出现裂缝,如图 5.5.26、图 5.5.27 所示。

图 5.5.26　存放层数过高的墙板

图 5.5.27　存放层数过高的叠合板

(4)地面不平或者垫方不平整,容易磕碰损坏预制构件或者导致裂缝,如图 5.5.28 所示。

(5)叠合梁无垫方、随意堆放时如图 5.5.29 所示,容易磕碰、损坏或者导致裂缝。

图 5.5.28　地面不平或者垫方不平整时存放的楼梯

图 5.5.29　无垫方、随意堆放的叠合梁

2. 预防措施

为避免预制构件存放中可能出现的各种问题，构件工厂应根据构件类型、形状、重量、规格事先设计存放方案，包括存放方式、支承点、支承方式等。

普通预制构件一般应按品种、规格、型号、检验状态分类存放，不同的预制构件存放的方式和要求也不一样，具体内容参见预制构件存放的方式及要求。

课后题

一、选择题

1. 目前普遍使用的混凝土预制构件养护方式是覆膜保湿的自然养护或（　　）。
   A. 干热养护　　B. 湿热养护　　C. 化学促硬法养护　　D. 蒸汽养护

2. 混凝土预制构件覆膜保湿的自然养护是在自然环境下进行养护，保持混凝土表面湿润，养护时间不少于（　　）天。
   A. 5　　　　　B. 6　　　　　C. 7　　　　　D. 8

3. 混凝土构件成型后，在室温下停放养护称为静停，以防止构件表面产生裂缝和疏松现象。静停时间为混凝土全部浇捣完毕后不宜少于（　　）小时。
   A. 5　　　　　B. 4　　　　　C. 3　　　　　D. 2

4. 升温阶段是构件的吸热阶段，升温速度不宜过快，每小时应为（　　）℃，以免构件表面和内部温差太大而产生裂纹。
   A. 0～10　　　B. 10～20　　　C. 0～30　　　D. 30～40

5. 夹心保温外墙板采取蒸汽养护时，养护温度不宜大于（　　）℃，以防止保温材料变形造成对构件的破坏。
   A. 30　　　　B. 40　　　　C. 50　　　　D. 60

6. 当构件混凝土强度达到（　　）时，应和模具平台一起翻身，不得直接起吊构件翻身。
   A. 设计强度的70%且不低于C20　　　B. 设计强度的30%并不低于C15
   C. 大于C15，低于设计强度的70%　　D. 以上说法都不正确

7. 预制构件使用的吊具和吊装时吊索的夹角，涉及拆模吊装时的安全，此项内容非常重要，应严格执行。在吊装过程中，吊索水平夹角不宜小于（　　）且不应小于（　　）。
   A. 90°　60°　　B. 90°　45°　　C. 60°　30°　　D. 60°　45°

8. 楼梯蒸养降温阶段自然降温即可，控制降温每小时不要超过（　　）℃。
   A. 6　　　　　B. 8　　　　　C. 10　　　　D. 12

9. 楼梯蒸养降温阶段自然降温即可,持续时间一般为(　　)个小时,此过程也要保证混凝土表面湿润,注意多次洒温水养护。
　　A. 6　　　　　　B. 8　　　　　　C. 10　　　　　　D. 12

10. 楼梯蒸养降温阶段降温完成后,模内温度与外界温差不大于(　　)℃,测试强度达到拆模强度后即可组织拆模。
　　A. 5　　　　　　B. 10　　　　　　C. 15　　　　　　D. 20

11. 下列关于成品保护措施的说法,不正确的是(　　)
　　A. 运输过程中采用钢架辅助运输
　　B. 堆放过程中采用钢扁担,使 PC 结构在吊装过程中保持平衡
　　C. PC 结构堆放的位置不需要保持下部柔性结构
　　D. 楼梯、阳台等 PC 构件叠放时用四块尺寸统一的木块衬垫

二、简答题

1. 简述混凝土板构件蒸养有哪些要求。
2. 简述预制楼梯拆模有哪些要求。
3. 简述预制板蒸养工序。
4. PC 构件的蒸养方式及特点。
5. 钢筋混凝土预制墙板的起吊运输有什么要求?
6. 预制构件常用的堆放存储方式有哪些?柱通常采用哪种堆放方式?
7. 预制构件的存放有哪些要求?